「だから、そうなのか!」とガツンとわかる

中学受験

合格する算数の授業

数の性質編

中学受験専門塾
ジーニアス

松本亘正
Hiromasa Matsumoto

教誓健司
Kenji Kyosei

実務教育出版

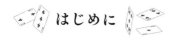 **はじめに**

　数の性質、規則性、場合の数——中学受験では、筑波大駒場、灘、開成、麻布、桜蔭、渋谷教育学園幕張といった超難関校ほど、これらの単元が多く出題される傾向があります。上位を目指すようになればなるほど、避けては通れません。また、これらの単元は、「わかる」と「正解する」のギャップが大きくなりやすいとも言えるでしょう。

　たとえば、「何通りですか？」という問題は正しく数え上げなければなりません。数字が1でもズレたら不正解ですし、大問を解く過程で少しでもミスをしたら、1問だけでなくそのあとの問題も連鎖的に間違ってしまいます。

　一方で、本書で学ぶ単元は前提となる知識が少ないため低学年からでも学習できます。足し算、引き算、かけ算、割り算さえできていればチャレンジできる問題もたくさんあるのです。

　では、難関校合格のためにも必要不可欠なこれらの単元を、どうやって学習すればいいのか。その答えを提示するために本書を執筆しました。「量をこなす」「解法を覚える」ことに頼ると、知っている問題しか解けなくなってしまいます。これは算数を学ぶうえでは非常に危険です。もちろん、よく出る「規則」「常識」を身につけておくことで、問題に素早く反応できるという利点はあります。本書でも、中学受験頻出のテーマをふんだんに紹介しています。しかし、知識を身につけたうえでどう活用するのかを知らなければ、「正解できる力」にはなりません。

　私たちは授業で、数の性質を解く際の心構えとして「一に根性、二に根性、規則・計算、五に根性」という標語を掲げています。最初はめんどくさがらず、自分で調べ上げる心掛けが大切です。そして、根性で調べ上げていく中で規則を見つけて、計算で解きます。難しい問題の場合には、最後にまた調べることも必要になるでしょう。

新薬を開発する時、計算上正しいからいきなり使用しよう、とはなりません。そこでミスがあったら大変だからです。間違った仮説をもとに薬を開発したら、大変な被害をもたらしてしまいます。まずは一にも二にも地道な研究が求められるのです。動物実験、人間を対象とした臨床実験で安全性を検証していきます。

　正しく調べ上げて、そのうえで計算を用いて応用していく——これは、難関校の入試問題だけでなく、社会に出ても活用できる考え方です。

　本書では、数の性質の分野に絞って、授業で実践している思考法、アプローチをそのまま伝えていきます。読み進めていく中で、みなさんに難問に立ち向かうための「武器」と活用法を手に入れてもらうことが大きな狙いです。

　算数が大得意でひたすら問題を解きたいのなら、本書の例題や入試問題だけ挑戦してもいいでしょう。しかし、算数が得意ではなく、なんとか壁を越えたいと思って本書を読むのであれば、問題だけにチャレンジして、解けた・解けないで終わらせることはやめましょう。ぜひ、流れに沿って読み進めてください。

　最終的には超難関中学の入試問題に立ち向かうための根本的な考え方を身につけられるような構成になっていますので、難しい問題もたくさん出てきます。最初はまったく解けなくても構いません。少しでもいいので、まずは自分で考えてみましょう。そのうえで解説を読むことで、「どうやって考えればいいのか」という思考法、アプローチ法を体得してみてください。

　本書は、YouTube チャンネル「０時間目のジーニアス」で、算数の入試問題解説動画を配信している教誓先生と一緒に企画を練り上げ、導入部は私が、本編は教誓先生が執筆しました。本書と、動画解説授業を通じて、中学受験で「戦うための武器」をそろえましょう。

中学受験専門塾ジーニアス　松本亘正

本書の５つの特徴と使い方

　本書は、中学受験専門塾ジーニアスの授業を再現し、合格するための「算数・数の性質」の力をつけてもらう本です。定番の問題はもちろん、見たことがない問題が出てきた時の考え方まで、まなぶ君と先生のやりとりを通して楽しく学べます、高校受験、大学受験を目指す中高生や、大人の学び直しにも大いに役立ちます。

❶ 各章の冒頭にある先生とまなぶ君の楽しい会話を導入として、難しそうなテーマでもすんなり入り込める。

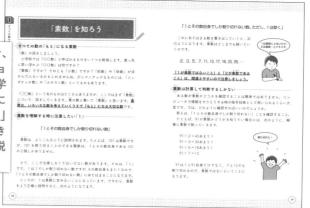

❷ ジーニアスの授業を、まなぶ君のリアクションに共感しながら、学べる。そして、入試によく出る問題を「例題」として取り上げ、解き方をわかりやすく解説する。

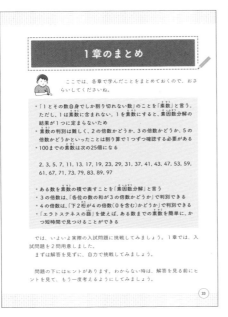

1章のまとめ

ここでは、各章で学んだことをまとめておくので、おさ
らいしてくださいね。

- 「1とその数自身でしか割り切れない数」のことを「素数」と言う。
  ただし、1は素数に含まれない。1を素数にすると、素因数分解の
  結果が1つに定まらないため
- 素数の判別は難しく、2の倍数かどうか、3の倍数かどうか、5の
  倍数かどうかといったことは割り算で1つずつ確認する必要がある
- 100までの素数は次の25個になる

2, 3, 5, 7, 11, 13, 17, 19, 23, 29, 31, 37, 41, 43, 47, 53, 59,
61, 67, 71, 73, 79, 83, 89, 97

- ある数を素数の積で表すことを「素因数分解」と言う
- 3の倍数は、「各位の数の和が3の倍数かどうか」で判別できる
- 4の倍数は、「下2桁が4の倍数(0を含む)かどうか」で判別できる
- 「エラトステネスの篩」を使えば、ある数までの素数を簡単に、か
  つ短時間で見つけることができる

では、いよいよ実際の入試問題に挑戦してみましょう。1章では、入
試問題を2問用意しました。

まずは解答を見ずに、自力で挑戦してみましょう。

問題の下にはヒントがあります。わからない時は、解答を見る前にヒ
ントを見て、もう一度考えるようにしてみましょう。

(33)

❹ 〈入試問題に挑戦〉を解
くことで、各章で学んだ
ことをしっかり理解でき
ているかどうかを確認で
きる。難しい時は先生の
ヒントを参考にしよう。

1 入試問題に挑戦1

①、③、④、⑤、⑦の5枚のカードから2枚を選んで2けたの数を作
るとき、素数は何通りできますか。ただし、2枚とも同じカードを
選ぶことはできません。

(筑波大学附属中)

1より大きい整数で、1とその数自身でしか
割り切れないものを素数と言いましたね。
丁寧に数えてみましょう

解説

つくることができる2桁の数をすべて書きます。すると、
13, 14, 15, 17, 31, 34, 35, 37, 41, 43, 45, 47, 51, 53, 54, 57,
71, 73, 74, 75
という20通りの数字があることがわかります。

その中から、素数ではない倍数を消して答えを求めていきます。
まず2の倍数を消します。

13, 14, 15, 17, 31, 34, 35, 37, 41, 43, 45, 47, 51, 53, 54, 57,
71, 73, 74, 75

さらに3の倍数を消すと、

13, 15, 17, 31, 35, 37, 41, 43, 45, 47, 51, 53, 57, 71, 73, 75

となります。
次に5の倍数を消すと、

13, 17, 31, 36, 37, 41, 43, 47, 53, 71, 73

となります。

残った数の中に次の素数である7の倍数はないので、残りはすべて
素数であることがわかります。よって、求められる答えは、
13, 17, 31, 37, 41, 43, 47, 53, 71, 73の10通りです。

7の次の素数11のうち、最初に割り切れる整数の中でもっとも小さ
い数は11×11＝121です。この問題では、カードで75までの大きさの
数しかつくることができないので、素数の判別をするには7の倍数まで
調べれば十分ということがわかりますね。

(34)　(35)

※入試問題の文字表記は原題の通りとしています。また、解説内容は公表されたものではありません

❺ 本書の中でも、とくに重要な問題は解説動画で
わかりやすく説明。超難関校に合格者を毎年輩出
してきたジーニアスの授業を映像でも体感できる！

\ 動画で解説 /

このQRコードがついている問題を動画解説しています。
パソコンやスマホで、『中学受験「だから、そうなのか！」
とガツンとわかる合格する授業』のサイトにアクセスし
てみてください。

中学受験 「だから、そうなのか！」とガツンとわかる

合格する算数の授業 数の性質編

もくじ

第1章　すべての数のもとになる「素数」を知る

第2章　数列① 数列の基本「等差数列」を知る

第3章　数列②「三角数」と「四角数」をマスターする

第4章　数列③「フィボナッチ数列」を使いこなす

第5章 場合の数① 「順列」と「組み合わせ」を使い分ける

第6章 場合の数② 図形上の「点の移動」や「色のぬり分け」の解き方を覚える

第7章　分数①　身近にある「分数」を理解する

第8章
分数②
「エジプト分数」と「部分分数分解」で計算の幅を広げよう

第9章
「N進法」は生活のあらゆるところに登場する

編集協力：星野友絵（silas consulting）
イラスト：吉村堂（アスラン編集スタジオ）
カバーデザイン：井上新八
本文デザイン・DTP：佐藤純・伊延あづさ（アスラン編集スタジオ）

登場人物の紹介

松本先生

学生時代に中学受験専門塾ジーニアスを立ち上げた。社会科の本を多く書いているので社会科の先生と思われがちだが、算数の入試問題を解くのが趣味。補助線は図形の内側に引くことにこだわりを持っている。図形先行型の算数カリキュラムにするなど中学受験業界の中でも独自路線を突き進んでいる。

教誓先生
きょうせい

名は体を表すのか、教えることが大好き。幼い頃から約数が多い数は「よい」数だと感じていたが、あまり共感を得られないらしい。出題者の意図をくんで解くことを心掛けている。名前が難しいので、本書では「先生」と表記している。

まなぶ君

算数は好きだけど、勉強は嫌いで、できればラクしたいと思っている小学5年生。6年生になったら中学受験をするので塾に通っている。たまにめんどくさがり屋の一面をのぞかせる。

すべての数のもとになる
「素数」を知る

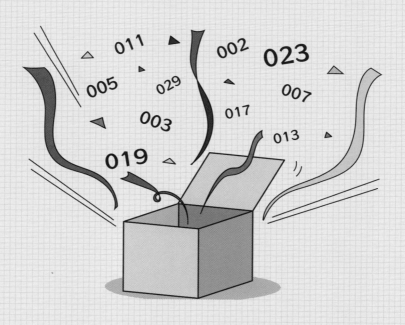

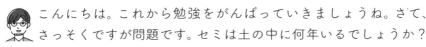

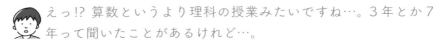

第1章　セミが教えてくれる素数の秘密

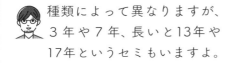

こんにちは。これから勉強をがんばっていきましょうね。さて、さっそくですが問題です。セミは土の中に何年いるでしょうか？

えっ!? 算数というより理科の授業みたいですね…。3年とか7年って聞いたことがあるけれど…。

種類によって異なりますが、3年や7年、長いと13年や17年というセミもいますよ。

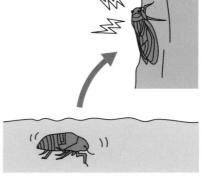

17年も！ でも、何だか中途半端な年数ばかりだなぁ。

フフフ…それには意味があるんですよ。アメリカには日本にいるセミとは違って、17年に一度、大量に羽化するセミがいるそうです。2004年にニューヨークで発生したので、2021年、2038年には大量に発生すると言われています。

へぇ～…。それで、セミが土の中にいる年数が中途半端なことにはどんな意味があるんですか？

いろいろな説がありますが、他の周期で羽化するセミと、できるだけ出合わないようにするためかもしれませんね。他の種類のセミが木にたくさんいたら、栄養分もとりにくいし、交尾相手を見つけにくくなってしまうからでしょう。種を残していくには、17や13といった数はなかなかいい数字なんですよ。

えっ!? どういうことですか？

たとえば、10年周期と15年周期のセミがいたとしましょう。

10年周期「10, 20, 30, 40, 50, 60…」
15年周期「　15,　30,　45,　60…」

このように30年に1回、別の
種と出合ってしまうことに
なります。

 そうすると、15年周期のセミ
の場合、2回に1回は別の種
がいるから大変だ〜！

 でも、13と17の場合はどう
ですか？

 えぇっと…

ライバルが多くて
えさが足りない

交尾相手も
見つけにくい…

13年周期「13, 26, 39, 52, 65, 78, 91 …」
17年周期「　17, 34, 51,　68, 85, 102 …」

あれ？ 出合う年が見つからない…。

 なんと13×17＝221年まで出合うことがないんですよ。

 すごい！ めったに他の種とぶつからないようになっているのか！
生命の神秘ですね。ところで先生、今日は算数の勉強だったよう
な…。

 フフフ…算数はもう始まっています。

 えっ!? どういうことですか？

「素数」を知ろう

▶ すべての数の「もと」になる素数

「数」の話をしましょう。

小学校では「○○数」と呼ばれるものをいくつも勉強します。真っ先に思い浮かぶ「○○数」は何ですか？

「整数」ですか？ それとも「小数」ですか？「約数」や「倍数」が浮かんだ人もいるかもしれませんね。少しマニアックなものには、「フィボナッチ数」や「カタラン数」というものもあります。

「○○数」という名のものはたくさんありますが、ここではまず「素数」について、話をしていきます。素の数と書いて「素数」と言います。**素数は、いろいろな数を考えていくうえで「もと」になる大切な数**です。

▶ 素数を理解する時に注意したい「1」

「1とその数自身でしか割り切れない数」

素数は、よくこんなふうに説明されます。たとえば、101は素数ですが、101を割り切ることのできる整数は、1とその数自身である101の2個しかありません。

さて、ここで注意しなくてはいけない数があります。それは、「1」です。1は1でしか割り切れない数ですが、その数自身もまた1なので、「1とその数自身でしか割り切れない数」にあてはまることになります。

ところが、1は素数に含めないことになっています。ですから、素数をより正確に説明すると、次のようになります。

「1とその数自身でしか割り切れない数。ただし、1は除く」

これにあてはまる数を書き出していくと、次のようになります。素数はどこまでも続いていくのです。

1は素数じゃないけど、2は素数…とメモメモ

2, 3, 5, 7, 11, 13, 17, 19, 23, 29, …

「1が素数ではないこと」と「2が素数であること」は、間違えやすいので注意しましょう。

◤ 素数は計算して判断するしかない

ある数が素数かどうかを確認することは簡単ではありません。コンピュータで情報をやりとりする時の暗号技術として用いられるくらい大変です。では、どのように確認すればいいのでしょうか。

答えは、「1とその数自身でしか割り切れない」ことを確認すること。

たとえば、91が素数かどうかを知りたい場合には、次のように、順番に素数で割っていきます。

91÷2＝45あまり1
91÷3＝30あまり1
91÷5＝18あまり1
91÷7＝13

割り切れた！

91は1と91自身だけでなく、7と13でも割り切れるので、素数ではないということになります。

合計25個! 1から100までの素数はすべて把握しよう

さて、紙とペンを用意してください。

一度本を閉じて、1から100までの中にある素数(そすう)をすべて書き出してみましょう。小さい数については、パッと見ただけで素数かどうか判別できるようになってほしいので、まずはどれくらい自分でもわかるか、確認しておきましょう。

書いてみましたか?

次の表は、1から100の中から、素数だけをピックアップしたものです(色のついている数字が素数)。とくに、91は素数(そすう)と間違われることが多い数字なので注意してください。

1	2	3	4	5	6	7	8	9	10
11	12	13	14	15	16	17	18	19	20
21	22	23	24	25	26	27	28	29	30
31	32	33	34	35	36	37	38	39	40
41	42	43	44	45	46	47	48	49	50
51	52	53	54	55	56	57	58	59	60
61	62	63	64	65	66	67	68	69	70
71	72	73	74	75	76	77	78	79	80
81	82	83	84	85	86	87	88	89	90
91	92	93	94	95	96	97	98	99	100

これらの25個の素数(そすう)については、パッと見ただけで素数(そすう)だとわかるようにしておくことが大切です。しっかり覚えておきましょう。

「素因数分解」を
段階ごとに覚えよう

◆ 素因数分解とは、素数の積で表すこと

さて、素数の話を進める前に、次の疑問を解消しておきましょう。

どうして1は素数に含まれないのか?

1が素数に含まれないのには理由があります。その理由を説明するために、素因数分解について話をしましょう。

1以外の素数ではない数は「合成数」と呼ばれ、たとえば4は「2 × 2」、15は「3 × 5」というように素数の積で表すことができます。

このように、素数の積で表すことを「素因数分解」と言います。

◆ 素因数分解をしてみよう

ある数を素因数分解するには、商が素数になるまで素数で割り算することを繰り返します。たとえば、120を素因数分解するには、次のように計算します。

$$120 \div 2 = 60 \quad \leftarrow 60 は素数ではない$$
$$60 \div 2 = 30 \quad \leftarrow 30 は素数ではない$$
$$30 \div 2 = 15 \quad \leftarrow 15 は素数ではない$$
$$15 \div 3 = 5 \quad \leftarrow 5 は素数なので、ここで終了$$

このように、商が素数になれば終了です。

これで、120を素因数分解すると「2 × 2 × 2 × 3 × 5」になることがわかりました。割り算の式をたくさん書くのは大変なので、次のよう

に筆算を連ねた形で計算しましょう。

$$2\overline{)\,120}$$
$$2\overline{)\ \ 60}$$
$$2\overline{)\ \ 30}$$
$$3\overline{)\ \ 15}$$
$$5$$

便利な式だなぁ

　割り算の商をさらに割り算するため、普段よく使う筆算とは上下が逆になるように書いてあります。

　このように、**素因数分解をする時は、素数で割るという作業を何度も繰り返します。**基本的にはどんな数もこの方法で素因数分解できますが、大きい数を素因数分解する時には、ちょっとしたコツがあります。

◢ 大きい数を素因数分解するためのコツ

　1000 を素因数分解するにはどうすればよいでしょうか？

　先ほどの 120 と同じように、素数で割り算を繰り返すと、次のようになります。

$$2\overline{)\,1000}$$
$$2\overline{)\ \ 500}$$
$$2\overline{)\ \ 250}$$
$$5\overline{)\ \ 125}$$
$$5\overline{)\ \ \ 25}$$
$$5$$

　正しく素因数分解できていますが、この方法は、あまり賢いとは言えません。

　「素因数分解する時に、必ず素数で割らなければならない」ということではありません。素因数分解したい数字によっては、あえて大きな数で割ることで、計算がラクになるかもしれません。

これをふまえると、1000 を素因数分解する時にまず割るべき数は、「2」ではなく「10」になります。

　1000 を 10 で割っていくと、10 × 10 × 10 になります。

　そして、10 を素因数分解すると、2 × 5 です。

```
10)1000      2)10
10) 100        5
     10
```

```
        1000
       ↙  ↓  ↘
     10  10  10
    ↙↘ ↙↘ ↙↘
    2 5 2 5 2 5
```
少しずつ分解する

　この計算で、1000 には 2 × 5 が 3 組あることがわかったので、1000 を素因数分解すると 2 × 2 × 2 × 5 × 5 × 5 になります。

　このように、**まずはあえて大きな数でざっくりと分解して、そこからさらに細かく素数に分解すると、暗算でも素早く素因数分解をすることができます。**

◆ 1を素数に含めると、素因数分解の時に都合がわるい

　さて、話を戻しましょう。

どうして1は素数に含まれないのか？

　鋭い人は、ここまでの話でピンときたのではないでしょうか。

「素数の積で表す」ことを素因数分解と言いましたね。1 を素数に含めると、どこまで割っても素因数分解が終わらなくなってしまいます。

確かに 1 × 1 × 1 × 1……
となっちゃうなぁ

　1 を素数にすると、素因数分解の時に都合がわるいので、「1 は素数ではない」ということになりました。

「約数」と「倍数」の基本を押さえよう

約数は、ある数を割り切ることのできる数

ここでは、約数と倍数について解説します。

まず、約数について見ていきましょう。

「ある数を割り切ることのできる数」を、その数の約数と言います。たとえば、91 を割り切ることができる数には、次のようなものがあります。

$$91 \div 1 = 91 \qquad 91 \div 7 = 13$$
$$91 \div 13 = 7 \qquad 91 \div 91 = 1$$

このように、「1, 7, 13, 91」で91を割り切ることができたので、これらの数字は、91の約数ということがわかりました。

ここではあえて、割り算を4つ書きましたが、「91÷7＝13」であれば、「91÷13＝7」であることは当たり前です。このように、**約数は2個ずつペアで見つけていくことができます。**

また、「91÷7＝13」という割り算は、「7×13＝91」というかけ算で表すことができます。「かけ算すると91になる2つの数」をペアで書き出すと、次のようになります。

$$1 \times 91$$
$$7 \times 13$$

このように、約数を書き出す時には、かけ算の形にしてペアで書いていくと簡単です。

全部91の約数だね！

倍数は、ある数を整数倍した数

次は、倍数について確認しましょう。

「ある数を整数倍した数」を、その数の倍数と言います。たとえば、7を13倍した91は、7の倍数でも13の倍数でもあります。7の倍数を小さい順に書き出すと、次のようになります。

$$7, 14, 21, 28, 35, 42, 49, 56, 63, 70, 77, 84, 91, \cdots$$

約数には限りがありますが、倍数はどこまでも続いていくのが特徴です。九九の範囲を超えるとわかりづらくなるかもしれませんが、「77, 84, 91」も、すぐに7の倍数だとわかるようにしておきましょう。

3の倍数は、すべての位の数を足し算すれば判別できる

倍数を判別する便利な方法はいろいろとありますが、ここでは素数かどうかを判断する時に便利な「3の倍数の判別」について説明します。

3の倍数を判別するには、9, 99, 999, 9999, …といった「すべての位が9である数」が3の倍数であることを利用します。9は3の倍数ですからね。

例として、1929が3の倍数かどうかを確認してみましょう。

次のように、1929を分解していきます。

$$
\begin{aligned}
1929 &= 1 \times 1000 + 9 \times 100 + 2 \times 10 + 9 \times 1 \\
&= 1 \times (999 + 1) + 9 \times (99 + 1) + 2 \times (9 + 1) + 9 \times 1 \\
&= (1 \times 999) + 1 + (9 \times 99) + 9 + (2 \times 9) + 2 + 9 \\
&= 1 \times 999 + 9 \times 99 + 2 \times 9 + 1 + 9 + 2 + 9
\end{aligned}
$$

【必ず3で割り切れる数】　【もとの各位の和】

波線部分は3の倍数なので、残りの「1＋9＋2＋9」が3の倍数かどうかを確認すれば判別することができます。1＋9＋2＋9＝21より、21が3の倍数であることから1929も3の倍数とわかります。

1＋9＋2＋9＝21は、もとの数「1929」の各位の数を足したものでもあります。このように、**3の倍数かどうかはすべての位の数をバラバラにして足し算することで判別することができる**のです。

3以外の倍数の判別方法も知っておこう

3の倍数以外にも、判別方法を知っておいたほうがよいものがいくつかあります。代表的な6つをまとめておきます。

2の倍数	下1桁が2の倍数（0を含む）
4の倍数	下2桁が4の倍数（0を含む）
8の倍数	下3桁が8の倍数（0を含む）
5の倍数	下1桁が5の倍数（0を含む）
3の倍数	各位の和が3の倍数
9の倍数	各位の和が9の倍数

倍数の判別方法、こんなにあるんだ！

じつは、これらの基本的な判別方法を組み合わせることで、6や12、15の倍数といった少し複雑なものも簡単に判別できます。

6を素因数分解すると2×3になるので、6の倍数は、「2の倍数でも3の倍数でもある数」でもあるわけです。そうすると、「2の倍数の条件」と「3の倍数の条件」を両方とも満たせばよいことになりますね。たとえば「2238」は、下1桁（8）が2の倍数で、各位の和（2＋2＋3＋8＝15）が3の倍数なので、6の倍数だとわかります。

いきなりすべてを使いこなすのは難しいので、まずは数を見たら各位の数をバラバラにして足し算し、3の倍数かどうかを確認する習慣を身につけましょう。

「エラトステネスの篩」で 素数を見つけてみよう

1から100までの素数が簡単に見つけられる「エラトステネスの篩」……

これで、素数の話を進める準備が整いました。

1から100までの素数をすべて書き出してもらいましたが、「1とその数自身でしか割り切れない」かどうかを地道に考えるのは大変だったと思います。

じつは、1から100までのように、ある決まった数までの素数であれば、もっとラクに判別する方法があるのです。

まずは、下図のように、数字を1から順に10列並べたら改行し、100まで書き出して表をつくりましょう。

1	2	3	4	5	6	7	8	9	10
11	12	13	14	15	16	17	18	19	20
21	22	23	24	25	26	27	28	29	30
31	32	33	34	35	36	37	38	39	40
41	42	43	44	45	46	47	48	49	50
51	52	53	54	55	56	57	58	59	60
61	62	63	64	65	66	67	68	69	70
71	72	73	74	75	76	77	78	79	80
81	82	83	84	85	86	87	88	89	90
91	92	93	94	95	96	97	98	99	100

なんか大変そう…

この中で、素数には「○」、素数以外の数には「×」をつけていくことにします。

最初に、1は素数ではないので×をつけます。続いて2は素数なので○をつけます。そうすると、2の倍数はすべて素数ではないので×をつ

けることができます。

×	②	3	✕	5	✕	7	✕	9	✕
11	✕	13	✕	15	✕	17	✕	19	✕
21	✕	23	✕	25	✕	27	✕	29	✕
31	✕	33	✕	35	✕	37	✕	39	✕
41	✕	43	✕	45	✕	47	✕	49	✕
51	✕	53	✕	55	✕	57	✕	59	✕
61	✕	63	✕	65	✕	67	✕	69	✕
71	✕	73	✕	75	✕	77	✕	79	✕
81	✕	83	✕	85	✕	87	✕	89	✕
91	✕	93	✕	95	✕	97	✕	99	✕

意外と簡単かも♪

　2の倍数が上図の赤い線のように縦に並んでいることに注目すれば、一気に消すことができますね。

　2の倍数に×をつけ終えたら、残った数の中でもっとも小さい数である「3」が素数であることがわかります。3に〇をつけて、残っている3の倍数すべてに×をつけましょう。

×	②	③	✕	5	✕	7	✕	✕	✕
11	✕	13	✕	✕	✕	17	✕	19	✕
✕	✕	23	✕	25	✕	✕	✕	29	✕
31	✕	✕	✕	35	✕	37	✕	✕	✕
41	✕	43	✕	✕	✕	47	✕	49	✕
✕	✕	53	✕	55	✕	✕	✕	59	✕
61	✕	✕	✕	65	✕	67	✕	✕	✕
71	✕	73	✕	✕	✕	77	✕	79	✕
✕	✕	83	✕	85	✕	✕	✕	89	✕
91	✕	✕	✕	95	✕	97	✕	✕	✕

ビンゴみたい！

3の倍数が前図の赤い線のようにきれいに斜めに並んでいることに注目すると、簡単に×をつけることができそうですね。もちろん、順番に×をつけてもかまいません。

3の倍数に×をつけ終えたら、残った数の中でもっとも小さい数である「5」が素数であることがわかります。5に〇をつけて、残っている5の倍数すべてに×をつけましょう。

×	②	③	×	⑤	×	7	×	×	×
11	×	13	×	×	×	17	×	19	×
×	×	23	×	×	×	×	×	29	×
31	×	×	×	×	×	37	×	×	×
41	×	43	×	×	×	47	×	49	×
×	×	53	×	×	×	×	×	59	×
61	×	×	×	×	×	67	×	×	×
71	×	73	×	×	×	77	×	79	×
×	×	83	×	×	×	×	×	89	×
91	×	×	×	×	×	97	×	×	×

2の倍数と同じように、5の倍数も上図の赤い線のように縦に並んでいることが、すぐにわかりますね。ここまでくれば、5の倍数に×をつけるのは簡単です。

残された数もわずかになり、新たに×がつく数字は、25, 35, 55, 65, 85, 95 の6個です。

だいぶ減ってきたなぁ

5の倍数に×をつけ終えたら、残った数の中でもっとも小さい数である「7」が素数であることがわかります。7に〇をつけて、残っている7の倍数すべてに×をつけましょう。

×	②	③	×	⑤	×	⑦	×	×	×
11	×	13	×	×	×	17	×	19	×
×	×	23	×	×	×	×	×	29	×
31	×	×	×	×	×	37	×	×	×
41	×	43	×	×	×	47	×	×	×
×	×	53	×	×	×	×	×	59	×
61	×	×	×	×	×	67	×	×	×
71	×	73	×	×	×	×	×	79	×
×	×	83	×	×	×	×	×	89	×
×	×	×	×	×	×	97	×	×	×

　7の倍数も、3の倍数と同じように斜めに探していくこともできますが、将棋の駒の「桂馬」の動きのようになっていて、簡単に×をつけることはできません。順番に消していきましょう。

　新たに×がつく数字は49, 77, 91の3個だけです。

　さて、7の倍数に×をつけ終えたら、残った数の中でもっとも小さい「11」が素数とわかります。11に〇を、11の倍数に×をつけていきたいのですが、これまでと様子が違うことに気がつきましたか？

×	②	③	×	⑤	×	⑦	×	×	×
⑪	×	13	×	×	×	17	×	19	×
×	×	23	×	×	×	×	×	29	×
31	×	×	×	×	×	37	×	×	×
41	×	43	×	×	×	47	×	×	×
×	×	53	×	×	×	×	×	59	×
61	×	×	×	×	×	67	×	×	×
71	×	73	×	×	×	×	×	79	×
×	×	83	×	×	×	×	×	89	×
×	×	×	×	×	×	97	×	×	×

すでに、11 以外の 11 の倍数は 1 つも残っていないのです。2，3，5，7 の倍数ではない 11 の倍数があるとしたら、もっとも小さい数でも 11 × 11 ＝ 121 になります。100 までの中にはありません。

つまり、倍数を消していく作業は、7 の倍数ですべて終わり、残っている数はすべて素数ということになります。

このような素数の探し方を「エラトステネスの篩」と言います。100 以下の素数を探す場合は、100 ＝ 10 × 10 ということから、10 より小さい素数をチェックすれば終わりです。

1 つずつ確認するよりも、簡単に短時間で素数を探し出すことができましたね。

6 の倍数の前後だけチェックする、素数の判別方法（応用編）

1	②	③	4	5	6
7	8	9	10	11	12
13	14	15	16	17	18
19	20	21	22	23	24
25	26	27	28	29	30
31	32	33	34	35	36
37	38	39	40	41	42
43	44	45	46	47	48
49	50	51	52	53	54
55	56	57	58	59	60
61	62	63	64	65	66
67	68	69	70	71	72
73	74	75	76	77	78
79	80	81	82	83	84
85	86	87	88	89	90
91	92	93	94	95	96
97	98	99	100		

ちなみに、暗算で素数の判別を行う時は、数字を 6 個ずつ並べた表をイメージしましょう。そうすると、10 個並べた表よりも頭の中でラクに判別することができます。

縦に長っ！

数字を 6 個ずつ並べると、2 と 3 の倍数を両方縦に消すことができ、6 の倍数の前後の数だけが残ります。

　5の倍数は1の位を見ればすぐにわかるので、7の倍数かどうかチェックすれば終わりです。6の倍数の前後の数が7で割れるかどうかをチェックするだけなら、頭の中だけでもできそうですね。

　6×2＝12の前後は11と13でどちらも素数、6×3＝18の前後は17と19でどちらも素数、6×4＝24の前後は23と25で23だけが素数、というように考えていきましょう。

1から100までの素数はすべて暗記しておこう

　100以下の素数は全部で25個ありました。これらはすぐに判別できるようにしておくと、試験で有利です。暗記してスラスラと言えるようにしておきましょう。

　お風呂に入りながら、1から100まで数えたことがあるのではないでしょうか。これと同じように、1から100までの素数をそらんじてみてください。25個あるので4回数えればちょうど100になりますね。

ええと、2,3,5,7,11,13,…

1章のまとめ

 　　　ここでは、各章で学んだことをまとめておくので、おさらいしてくださいね。

- 「1とその数自身でしか割り切れない数」のことを「素数」と言う。ただし、1は素数に含まれない。1を素数にすると、素因数分解の結果が1つに定まらないため
- 素数の判別は難しく、2の倍数かどうか、3の倍数かどうか、5の倍数かどうかといったことは割り算で1つずつ確認する必要がある
- 100までの素数は次の25個になる

  2, 3, 5, 7, 11, 13, 17, 19, 23, 29, 31, 37, 41, 43, 47, 53, 59, 61, 67, 71, 73, 79, 83, 89, 97

- ある数を素数の積で表すことを「素因数分解」と言う
- 3の倍数は、「各位の数の和が3の倍数かどうか」で判別できる
- 4の倍数は、「下2桁が4の倍数（0を含む）かどうか」で判別できる
- 「エラトステネスの篩」を使えば、ある数までの素数を簡単に、かつ短時間で見つけることができる

　では、いよいよ実際の入試問題に挑戦してみましょう。1章では、入試問題を2問用意しました。

　まずは解答を見ずに、自力で挑戦してみましょう。

　問題の下にはヒントがあります。わからない時は、解答を見る前にヒントを見て、もう一度考えるようにしてみましょう。

入試問題に挑戦 1

1, 3, 4, 5, 7の5枚のカードから2枚を選んで2けたの数を作るとき、素数は何通りできますか。ただし、2枚とも同じカードを選ぶことはできません。

（筑波大学附属中）

1より大きい整数で、1とその数自身でしか割り切れないものを素数と言いましたね。丁寧に数えてみましょう

👆 解説

つくることができる2桁(けた)の数をすべて書きます。すると、
13, 14, 15, 17, 31, 34, 35, 37, 41, 43, 45, 47, 51, 53, 54, 57,
71, 73, 74, 75
という20通りの数字があることがわかります。

その中から、素数(そすう)ではない倍数を消して答えを求めていきます。
まず2の倍数を消します。

13, ~~14~~, 15, 17, 31, ~~34~~, 35, 37, 41, 43, 45, 47, 51, 53, ~~54~~, 57,
71, 73, ~~74~~, 75

さらに3の倍数を消すと、

13, ~~15~~, 17, 31, 35, 37, 41, 43, ~~45~~, 47, ~~51~~, 53, ~~57~~, 71, 73, ~~75~~

となります。
次に5の倍数を消すと、

13, 17, 31, ~~35~~, 37, 41, 43, 47, 53, 71, 73

となります。

残った数の中に次の素数である7の倍数はないので、残りはすべて
素数(そすう)であることがわかります。よって、求められる答えは、
13, 17, 31, 37, 41, 43, 47, 53, 71, 73の<u>10通り</u>です。

7の次の素数(そすう)11のうち、最初に割り切れる整数の中でもっとも小さい数は11×11＝121です。この問題では、カードで75までの大きさの数しかつくることができないので、素数(そすう)の判別をするには7の倍数まで調べれば十分ということがわかりますね。

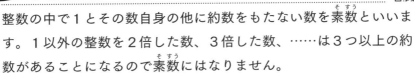

入試問題に挑戦2

整数の中で1とその数自身の他に約数をもたない数を素数といいます。1以外の整数を2倍した数、3倍した数、……は3つ以上の約数があることになるので素数にはなりません。

花子さんは1から100までの整数にどのような素数があるのかを調べることにしました。1は素数ではないのでまず1を消し、そのあと2以外の2の倍数、3以外の3の倍数、……を次々に消していきました。

下の表は3以外の3の倍数までを消していった様子を表しています。これを消せる数がなくなるまで行い、残った数が素数になります。

~~1~~, 2, 3, ~~4~~, 5, ~~6~~, 7, ~~8~~, ~~9~~, ~~10~~, 11, ~~12~~, 13, ~~14~~, ~~15~~, ~~16~~, 17, ~~18~~, 19, ~~20~~,
~~21~~, ~~22~~, 23, ~~24~~, 25, ~~26~~, ~~27~~, ~~28~~, 29, ~~30~~, 31, ~~32~~, ~~33~~, ~~34~~, 35, ~~36~~, 37, ~~38~~, ~~39~~, ~~40~~,
41, ~~42~~, 43, ~~44~~, ~~45~~, ~~46~~, 47, ~~48~~, 49, ~~50~~, ~~51~~, ~~52~~, 53, ~~54~~, 55, ~~56~~, ~~57~~, 58, 59, ~~60~~,
61, ~~62~~, ~~63~~, ~~64~~, 65, ~~66~~, 67, ~~68~~, ~~69~~, ~~70~~, 71, ~~72~~, 73, ~~74~~, ~~75~~, ~~76~~, 77, ~~78~~, 79, ~~80~~,
~~81~~, ~~82~~, 83, ~~84~~, 85, ~~86~~, ~~87~~, ~~88~~, 89, ~~90~~, 91, ~~92~~, ~~93~~, ~~94~~, 95, ~~96~~, 97, ~~98~~, ~~99~~, ~~100~~

（1）1から100までのうち、素数は何個ありますか。

（2）1から100までの素数をすべて見つけるためには、□□□の倍数までを消せばよい。□□□にあてはまる整数を答え、なぜその数の倍数までを消せばよいのかを説明しなさい。

（品川女子学院中等部）

（1）は暗記していれば即答できる問題ですが、実際に続きの作業を行いながら確認しましょう

（1）問題文で、すでに2と3の倍数は消してあるので、まずは5以外の5の倍数を消していきます。ここでは、5×5＝25、5×7＝35、5×11＝55、5×13＝65、5×17＝85、5×19＝95の6個が消えました。

1, 2, 3, 4, 5, 6, 7, 8, 9, 10, 11, 12, 13, 14, 15, 16, 17, 18, 19, 20, 21, 22, 23, 24, 25, 26, 27, 28, 29, 30, 31, 32, 33, 34, 35, 36, 37, 38, 39, 40, 41, 42, 43, 44, 45, 46, 47, 48, 49, 50, 51, 52, 53, 54, 55, 56, 57, 58, 59, 60, 61, 62, 63, 64, 65, 66, 67, 68, 69, 70, 71, 72, 73, 74, 75, 76, 77, 78, 79, 80, 81, 82, 83, 84, 85, 86, 87, 88, 89, 90, 91, 92, 93, 94, 95, 96, 97, 98, 99, 100

次に7以外の7の倍数では、7×7＝49、7×11＝77、7×13＝91の3個が消えます。

1, 2, 3, 4, 5, 6, 7, 8, 9, 10, 11, 12, 13, 14, 15, 16, 17, 18, 19, 20, 21, 22, 23, 24, 25, 26, 27, 28, 29, 30, 31, 32, 33, 34, 35, 36, 37, 38, 39, 40, 41, 42, 43, 44, 45, 46, 47, 48, 49, 50, 51, 52, 53, 54, 55, 56, 57, 58, 59, 60, 61, 62, 63, 64, 65, 66, 67, 68, 69, 70, 71, 72, 73, 74, 75, 76, 77, 78, 79, 80, 81, 82, 83, 84, 85, 86, 87, 88, 89, 90, 91, 92, 93, 94, 95, 96, 97, 98, 99, 100

これで次に消せる倍数がなくなったので、残った{2, 3, 5, 7, 11, 13, 17, 19, 23, 29, 31, 37, 41, 43, 47, 53, 59, 61, 67, 71, 73, 79, 83, 89, 97}の25個が素数となります。

（2）（1）の答えから、7の倍数までを消せばよいことがわかりました。100＝10×10ということから、10以下の素数の倍数を消せばよいと判断できる。
7の倍数までを消すと、次は11の倍数を消すことになるが、まだ残っている数字の中でもっとも小さい11の倍数は11×11＝121。つまり、100を超えてしまい、11の倍数を消すことができないため。

第 2 章

数列①
数列の基本
「等差数列」を知る

「三角形は何個ある？」を計算する

 まなぶ君、右の図に三角形は
いくつありますか？

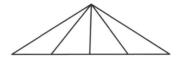

 簡単ですよ。4個です。

 残念！ 私は「いくつの三角形に分かれるか？」と聞いているわけ
じゃありませんよ。

 そうか…。小さな三角形4個以外にも、三角形がありますね。

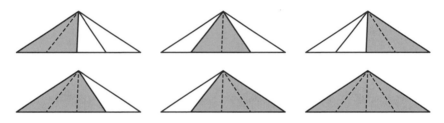

 わかりました。全部で10個です。

 そうです。よくできました。以前、慶應義塾普通部の入試でも、「図
の中に三角形はいくつあるか」という問題が出たことがあります。
きちんと調べていくことは大事ですね。

 今日は、「場合の数」の勉強ですか？

 そう思うかもしれませんが、じ
つは違います。
では、まなぶ君、次の問題を解
いてみてください。右の図に三
角形はいくつありますか。

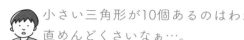 小さい三角形が10個あるのはわかるけれど、調べていくのは正直めんどくさいなぁ…。

あらら…。まずは一生懸命書き出すということも、算数の実力を上げるためには必要なことですよ。でも、まなぶ君の気持ちもわからなくはありません。では、これを計算で求めてみましょうか。

 えっ!? 計算で?

右のような小さな三角形２個でできている三角形は何個ありますか？

えっと、９個です。

では、次に右のような小さな三角形３個でできている三角形は何個ありますか？

８個です。あっ！ 10個、９個、８個…。

そうです。ずっと調べていくとわかりますよ。結局、これは10＋９＋８＋７＋６＋５＋４＋３＋２＋１になっているのです。

そうだったのか！ じゃあ、最初の問題も４＋３＋２＋１＝10だったんですね。よし、じゃあ計算しよう。10＋９＝19で、19＋８＝27、27＋７＝34…。

その調子ですよ。では、もっとラクに計算できる方法を勉強していきましょう。

等差数列の解き方を マスターしよう

数列の100番目の数を、2つの計算方法で求める

　2章から4章までは、数列についての話が続きます。

　読んで字のごとく、「数が列になったもの」を「数列」と言います。中学入試で扱う数列は、必ずある規則にしたがって並んでおり、どんな規則で並んでいるかを考えることになります。

　次の数列を見てください。

1, 2, 3, 4, 5, 6, 7, 8, 9, 10, …

どんな規則で並んでいるかは一目瞭然ですね？

　1から順に整数が並んでいます。1以上の整数のことを「自然数」と呼ぶので、自然数が順に並んでいるとも言えます。

　規則がわかれば、書かれていない先の数もすぐにわかるようになります。

　たとえば、「100番目の数は何ですか？」と聞かれたら、すぐに「100」と予想がつきますよね。

　では、次の数列はどうでしょうか。

1, 3, 5, 7, 9, 11, 13, 15, 17, 19…

　1から順に1つ飛ばしに数が並んでいますね。このような数のことを「奇数」と言います。飛ばされている「2, 4, 6, 8, …」の数を「偶数」と言います。 この2つの言葉は、覚えておいてください。

さて、この数列の100番目の数は何でしょうか？

100個くらいなら「全部書いてしまえ」という考えもあるかもしれませんが、計算で求めることが大切です。ここでは、2通りの考え方を紹介します。

計算方法①「はじめの数」と「並んでいる数の差」から計算する

1つ目の考え方は、「はじめの数」と「並んでいる数の差」に注目する方法です。この数列ははじめの数が「1」で、そこから「2」ずつ増えるように数が並んでいます。

数列の中に、次のように差を書き込んでおきましょう。

$$\overset{+2}{\frown}\overset{+2}{\frown}\overset{+2}{\frown}$$
$$1, 3, 5, 7, 9, 11, 13, 15, 17, 19, \cdots$$

100番目までに「＋2」を何回すればよいかは、間の数を考えると、$100-1=99$回とわかります。ですから、**100番目の数は、最初の1に2を99回足すと考えて、$1+2\times(100-1)=199$** と計算することができますね。

計算方法②倍数から計算する

2つ目の考え方は、2の倍数に注目する方法です。この数列は「2ずつ増える数列」ですが、2ずつ増える数列の中で、もっとも計算が簡単な数列は2の倍数です。2の倍数を与えられた数列の下に書き出してみます。

$$1, 3, 5, 7, 9, 11, 13, 15, 17, 19, \cdots$$
$$2\quad4\quad6\quad8\quad10\quad12\quad14\quad16\quad18\quad20$$

与えられた数列と2の倍数の数列を比べてみて、何か気づくことはありませんか？

じつは、この数列に並んでいた数は、2の倍数よりも1少ない数になっています。**100番目の2の倍数は、2×100＝200**と簡単に計算することができるので、200－1をするだけで、199と求めることができますね。

同じ数ずつ変化する「等差数列」を求める方法

このように、**同じ数ずつ変化する数列を、「等差数列」と言います。**とくに、同じ数ずつ増える等差数列で「□番目の数を求める」時は、これまで紹介した2通りの考え方を身につけておきましょう。

2通りの計算方法について、まとめておきます。

---

①「はじめの数」に「差の数」を「□－1」回足す
②「差の数」×「□」を計算した数と比べる

たとえば、100番目の奇数は、次のように求めることができます。

---

① $1 + 2 \times (100 - 1) = 199$
② $2 \times 100 - 1 = 199$

> 2つ目のほうがシンプルで
> わかりやすいなぁ

等差数列の和を理解しよう

1から100までの和を求める「等差数列の和の公式」

次の問題を見てください。

例題1

1から100までの整数をすべて足すといくつですか。

1から100までの和については、クイズ番組で出題されることがあるほどです。1から連続した整数の和を考える時の基準になるので、答えを覚えておいてもよいでしょう。

この問題については、有名な逸話があります。

カール・フリードリヒ・ガウスというドイツの数学者がいました。数学だけでなく、天文学や物理学の分野でも有名な人です。

ガウスにちなんで名づけられたものがあまりにたくさんあるので、今後の勉強で何度も目にすることでしょう。

カール・フリードリヒ・ガウス

ガウスが7歳の時、算数の先生が授業でこんな問題を出しました。

「1から100までの整数をすべて足すといくつですか?」

その先生はきっと、100個もの数を足すのだから結構な時間がかかるし、計算間違いもするだろうと考えていたことでしょう。けれども、ガウスはわずか数秒で正解を出したそうです。

ガウスはいったいどうやって計算したのでしょうか。

② 1から10までの和は55

まずは、1から10までの和を考えてみましょう。順番に足し算していくと、1, 3, 6, 10, 15, 21, 28, 36, 45, 55となります。

$$1, 2, 3, 4, 5, 6, 7, 8, 9, 10$$
和 1   3   6   10 15 21 28 36 45 55

この「1から10まで足すと55になる」ということは、覚えておきましょう。

◆ ペアの「和」から総数を計算する方法

さて、1から10までの合計を出す時に、順番に足すよりもラクな方法があります。次のように2個ずつペアにしてみましょう。

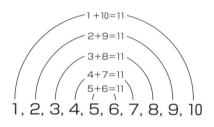

これはラクチンだ！

そうすると、1＋10＝11、2＋9＝11、3＋8＝11、4＋7＝11、5＋6＝11というように、和が11になるペアが5組できています。合計すると、11×5＝55と計算できますね。

1から100についても同じように考えることができます。2個ずつペアにした時に、どんな和が何組できるか考えてみましょう。

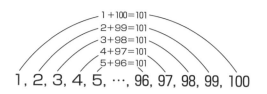

両端から順に２個ずつペアにすると、１＋100＝101、２＋99＝101、３＋98＝101というように、和が101になるペアができます。

100個の数を２個ずつのペアにしているのですから、100÷2＝50組のペアができることになりますね。

そうすると、１から100までの数の合計を、101×50＝<u>5050</u>と簡単に計算できるわけです。

ガウスは７歳の時に、誰から教えられたわけでもなくこの考え方を身につけていたそうです。だから、算数の先生から出題された時に5050と即答できたのですね。

◤ 奇数個の等差数列の和を求めよう

さて、等差数列の和の話を続けます。

10個や100個のように数列に並んでいる数が偶数個であれば、２個ずつペアにした時にピッタリと割り切ることができます。けれども、奇数個になるとあまりが１個出てしまいますよね。

これらをふまえて、次の問題を考えてみましょう。

例題2

１から11までの整数をすべて足すといくつですか。

まずは、数をすべて書き出してみます。

1, 2, 3, 4, 5, 6, 7, 8, 9, 10, 11

1から10の時と同じように、2個ずつペアにすると、「11÷2＝5あまり1」より、5組のペアができて1個あまります。2個ずつペアにしてみましょう。

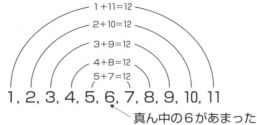

1＋11＝12
2＋10＝12
3＋9＝12
4＋8＝12
5＋7＝12

1, 2, 3, 4, 5, 6, 7, 8, 9, 10, 11

真ん中の6があまった

そうすると、1＋11＝12、2＋10＝12、3＋9＝12、4＋8＝12、5＋7＝12というように、和が12になるペアが5組できて、真ん中の6だけがあまりました。ですから、12×5＋6＝<u>66</u>と計算することができますね。

真ん中の6が、和の12の半分になっていることに注目すると、全部で11÷2＝5.5組あると考えて12×5.5＝<u>66</u>と計算することもできます。

◯を並べて1から11までの和を求めてみる

少し見方を変えることで、偶数か奇数かを気にする必要はなくなります。5.5組と考えるのはややこしいので、もっと簡単に計算してみましょう。イメージしやすいように、玉（◯）を左から順に1個、2個、3個…と並べます。

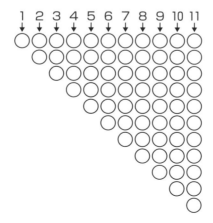

1 2 3 4 5 6 7 8 9 10 11

下図は、前ページの図の順番を変えたものです。

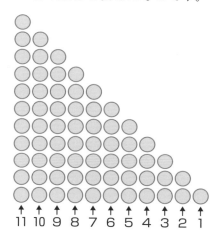

順番を逆にして、左から順に11個、10個、9個、…と◯を並べてみました。

すべてを足し算するのですから、小さい順に足しても、大きい順に足しても、結果は変わりません。そこで、小さい順の和と、大きい順の和を組み合わせてみます。

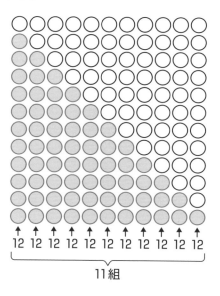

　同じ数ずつ増えるものと、同じ数ずつ減るものを組み合わせたので、前ページの図のようにピッタリとはまります。そうすると、和が12になる組み合わせが11組ある形になります。

　ここに並んだすべての○の数は、11×12＝132ですが、これは求めたい和の2倍になっています。ということは、1から11までの和は半分の132÷2＝<u>66</u>と計算できますね。

◆ **ガウスの「等差数列の和の公式」は、（はじめの数＋終わりの数）×個数÷2** …

　一般的に、等差数列の和は次のような公式で求めることができます。

（はじめの数＋終わりの数）×個数÷2

　1から11までの数をすべて足す時には、「はじめの数」が1、「終わりの数」が11、「個数」が11となるので、（1＋11）×11÷2＝<u>66</u>と計算することができるのです。

　「等差数列の和の公式」は、ガウスの逸話（いつわ）になぞらえて、「ガウスの足し算」や「ガウスの公式」などとも呼ばれます。先生が生徒に授業をしている時に、「ガウスる」なんて言ったりすることもあります。

　でも、ガウスの名を使った重要な法則や方程式は他にもたくさんあるので、これは「等差数列の和の公式」と覚えておきましょう。

2章のまとめ

- 差が一定になる数列を「等差数列」と言う。たとえば、次のような 2 ずつ増える等差数列の場合、10番目を求めるには、2 通りの計算方法がある
  （例）1, 3, 5, 7, 9, …
  ① はじめの数から 2 が 9 回増えることに注目して計算する場合、「はじめの数」に「差の数」を「□－1」回足す
    → $1 + 2 \times (10 - 1) = 19$
  ② 2 の倍数との関係に注目して計算する場合、「差の数」×「□」を計算した数と比べる
    → $2 \times 10 - 1 = 19$

- 等差数列の和は、「(はじめの数＋終わりの数)×個数÷2」で求めることができる。上の例のような等差数列の場合、10番目までの和を求めるには、
  $1 + 3 + 5 + 7 + 9 + 11 + 13 + 15 + 17 + 19 = (1 + 19) \times 10 \div 2 = 100$ となる

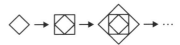

右の図1のように、小さな正方形の頂点と、大きな正方形の各辺を二等分する点が重なるように、正方形を作っていきます。さらに図2のように、1から小さい順に整数を入れていきます。たとえば、7は一番小さな正方形から数えて3番目の正方形に初めて出てきます。この作業をくり返すとき、次の ☐ にあてはまる数を答えなさい。

①35は一番小さな正方形から数えて ☐ 番目の正方形に初めて出てきます。

②一番小さな正方形から数えて51番目の正方形に初めて出てくる4つの数のうち、一番小さな数は ☐ です。

（桜蔭中）

〈図1〉

〈図2〉

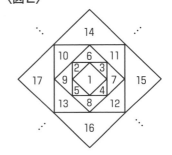

計算しやすい場所の数に注目して考えてくださいね

それぞれの正方形の中で最大の数に注目すると、
1番目が1、2番目は5、3番目は9、4番目は13、…
と、1から4ずつ増える等差数列になります。
この時、□番目は、「4×□−3」と表されます。

① 「4×□−3」を計算して35に近いものを探すと、
　　9番目：4×9−3＝33
　　10番目：4×10−3＝37
と求めることができます。
これにより、10番目の正方形にはじめて出てくる4つの数は{34,
35, 36, 37}。よって、35は<u>10</u>番目の正方形ということがわかりま
す。

② 51番目の正方形の中で最大の数は、
　　4×51−3＝201
これにより、51番目の正方形にはじめて出てくる4つの数は{198,
199, 200, 201}と求められます。
よって、一番小さな数は<u>198</u>です。

\ 動画で解説 /

入試問題に挑戦 4

表のような規則で整数が並んでいる。

（1）500は ☐ 行目の ☐ 列目である。

（2）5列目の数を21行目から51行目まで加えると ☐ である。

	1列	2列	3列	4列	5列	6列	7列
1行		1	2	3	4	5	6
2行	12	11	10	9	8	7	
3行		13	14	15	16	17	18
4行	24	23	22	21	20	19	
⋮							

(芝中)

行の中でもっとも
大きい数に注目すると…

（1）各行に6個ずつ整数が並ぶことから、行の中でもっとも大きい数に注目すると、1行目は6、2行目は12、3行目は18と、6の倍数になっています。このことから、500が何行目の何番目に並ぶかを計算すると、

500 ÷ 6 ＝ 83 あまり 2

ここから、500は84行目で2番目に並ぶ数だとわかります。

偶数行では、6列、5列、4列、…という順に数字が並ぶので、求める答えは、84行目の5列目となります。

（2）21行目の数は6個×20行＋1＝121で、121から始まります。また、51行目の数は6個×50行＋1＝301で、301から始まることがわかります。これをもとに、21行付近と51行付近を書き出すと次のようになります。

	1列	2列	3列	4列	5列	6列	7列
21行		121	122	123	124	125	126
22行	132	131	130	129	128	127	
23行		133	134	135	+12 136	137	138
24行	144	143	142	141	140 +12	139	
⋮							
49行		289	290	291	292	293	294
50行	300	299	298	297	296	295	
51行		301	302	303	304	305	306

奇数行目は左から順に数が並び、偶数行目は右から順に数が並ぶので、奇数行目と偶数行目に分けて考えましょう。奇数行目だけ、偶数行目だけを見ると、それぞれ12ずつ増える等差数列になっています。21行目から51行目までの31行には、奇数行が16行、偶数行が15行

あるので、等差数列の和の公式にあてはめて、

奇数行の和は、$(124＋304)×16÷2＝3424$

偶数行の和は、$(128＋296)×15÷2＝3180$

よって、答えは$3424＋3180＝\underline{6604}$となります。

さて、うまく解けたでしょうか？
次章も数列を勉強していきますよ

第 **3** 章

数列②
「三角数」と「四角数」を
マスターする

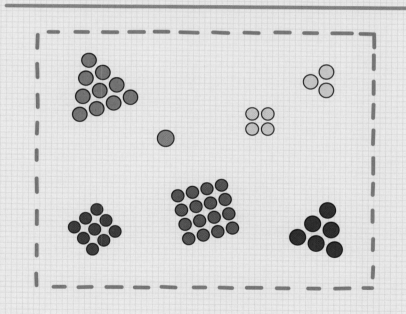

ピタゴラスの定理と万有引力の法則に共通するもの

 まなぶ君、右の図の三角形のcの長さは何cmですか？

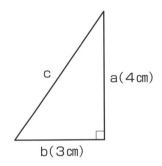
c
a（4cm）
b（3cm）

 えっ!? わかりません…。

 そうですよね。小学校では勉強しない範囲なのでわからなくて当たり前です。ちなみに、答えは5cmです。これは、「ピタゴラスの定理」というものが関係しています。直角二等辺三角形の斜辺をc、他の2つの辺をa、bとすると、a×a＋b×b＝c×cという式が成り立つのです。

 …ということは、3×3＋4×4＝25だから…。本当だ。25＝5×5になるから、5cmなんですね。先生、今日は面積の勉強ですか？

 そんな感じがするかもしれませんが、違います。いつかこの定理の証明や入試問題も一緒に解いてみたいですね。

 NHKの『ピタゴラスイッチ』という番組もピタゴラスと関係しているのかな？

 どうでしょうね。関係あるかどうかはわかりませんが、とてもおもしろいですよね。
では、次の問題。りんごの実が木から落ちるのを見て、「万有引力の法則」を見つけたと言われている人は誰でしょう？

その話は聞いたことがあります。ニュートンです！

よく知っていましたね！ ニュートンは、すべての物体は、お互^{たが}い
を引きよせる力（引力）を持っているという法則を見つけ出しま
した。具体的には、「力の大きさは質量に比例し、距離の2乗に反
比例する」というものです。

なんだか難しそう…。算数というより、物理みたい。

そんな気がするかもしれませんが、違います。じつは、2つの話
に共通しているのは、「平方数」です。

平方数？

平方数は四角数とも呼ばれていて、5×5＝25のように、同じ数
を2回かけた数のことを言います。ニュートンの万有引力^{ばんゆういんりょく}の法
則で出てきた2乗という言葉は、同じ数を2回かけたもののこと
です。
この平方数は、いろいろなことに応用されています。中学受験で
も本当によく出題されるので、ぜひがんばって上手に使いこなせ
るようになりましょう。

三角数と四角数を求めてみよう

3

数列②「三角数」と「四角数」をマスターする

三角数は玉を正三角形の形に並べた時、そこに並ぶ玉の総数のこと…

　2章では、差が一定となっている等差数列について勉強しました。この章でも引き続き、差に規則性のある数列について学んでいきましょう。まずは、次の問題を見てください。

例題3

次のように、玉を正三角形の形に並べていきます。1番目の図形には1個、2番目の図形には3個、3番目の図形には6個の玉が並んでいます。

1番目　　2番目　　3番目　　…　　10番目

10番目の図形には何個の玉が並んでいますか。

　まず、段ごとに分けて数えてみましょう。

　2番目の図形には、1段目に1個、2段目に2個の玉が並んでいます。合計すると、1＋2＝3個と計算できます。

　3番目の図形には、1段目に1個、2段目に2個、3段目に3個の玉が並んでいます。合計すると、1＋2＋3＝6個と計算できます。

　10番目の図形も同じように考えることができそうですね。実際に10段並べると、次の図のようになります。

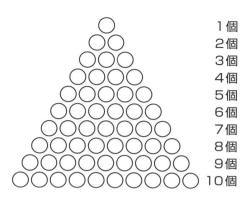

1個
2個
3個
4個
5個
6個
7個
8個
9個
10個

　1 ＋ 2 ＋ 3 ＋…＋10を計算すると、「等差数列の和の公式」を用いて、
（ 1 ＋10）×10÷ 2 ＝**55個**となります。 1 から10までの数をすべて足す
と55、ということは中学受験でよく出題されます。とても大事なので
覚えておきましょう。

　このように、**正三角形の形に玉を並べた時の総数を「三角数」と言い
ます。**

◢三角数は 1 から順に整数を足した数と等しい

　三角数を順番に書き出すと、次のようになります。

| | +2 | +3 | +4 | +5 | +6 | +7 | +8 | +9 | +10 |

1 , 3 , 6 , 10, 15, 21, 28, 36, 45, 55, …

> 「三角数は 1 から順に
> 整数を足した数」と
> メモメモ

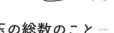

　差が 1 ずつ増える形になっていますね。
　三角数は、「 1 から順に整数を足した数」
でもあることがわかります。

◢四角数は玉を正方形の形に並べた時、そこに並ぶ玉の総数のこと

　続いて、玉を正方形の形に並べてみましょう。
　先ほどの例題よりも、こちらの問題のほうが簡単です。

次のように、玉を正方形の形に並べていきます。1番目の図形には 1個、2番目の図形には4個、3番目の図形には9個の玉が並んで います。

1番目　　　2番目　　　3番目　　…　　10番目

10番目の図形には何個の玉が並んでいますか。

今回は、段ごとに分けて考えるまでもないでしょう。

2番目の図形は2×2＝4個、3番目の図形には3×3＝9個となっ ています。

そこから、10番目の図形には、**10×10＝100個**の玉が並んでいるこ とがわかりますね。

このように、玉を正方形の形に並べた時の総数を四角数と言います。 四角数には「平方数」という別名もあるので、こちらも覚えておいてく ださい。

四角数は1から順に奇数を足した数と等しい

四角数を順番に書き出すと、次のようになります。

$$\overset{+3}{1},\overset{+5}{4},\overset{+7}{9},\overset{+9}{16},\overset{+11}{25},\overset{+13}{36},\overset{+15}{49},\overset{+17}{64},\overset{+19}{81},100,\cdots$$

今度は、差が2ずつ増える形になっています。

四角数は「1から順に奇数を足した数」と言うこともできます。図形 でも確認しておきましょう。

四角数を図形にすると、3通りの考え方がわかる

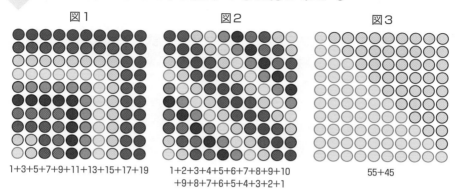

図1
1+3+5+7+9+11+13+15+17+19

図2
1+2+3+4+5+6+7+8+9+10
+9+8+7+6+5+4+3+2+1

図3
55+45

　四角数については、上の図のように3通りの考え方があります。

　図1のように、端からL字型に玉を並べていく様子を考えると、1から連続した奇数の和になっていることが納得できます。

　図2のように、斜めに玉を並べていく様子を考えると、1から連続した整数を山なりに足した形になっていることが確認できます。図2を途中で区切ると、斜めに1から10までの和と、1から9までの和に分けることができます。

　図3のように正三角形の形に玉を並べたものを2つ組み合わせたものだと考えると、連続した三角数の和になっていることが確認できます。

おお、すごくわかりやすい！

三角数・四角数を使えば、分数の列も予測できる

三角数や四角数を使いこなそう

　三角数や四角数を使いこなせるようになると、解くことのできる問題の幅がぐっと広がります。次の問題を考えてみましょう。

例題5

次のように、ある規則にしたがって分数が並んでいます。

$$\frac{1}{2}, \frac{1}{3}, \frac{2}{3}, \frac{1}{4}, \frac{2}{4}, \frac{3}{4}, \frac{1}{5}, \frac{2}{5}, \frac{3}{5}, \frac{4}{5}, \frac{1}{6}, \cdots$$

この時、60番目の分数を求めなさい。

　どんな規則で並んでいるかわかりましたか？

　まず、分母の数でグループを分けてみましょう。１つ目のグループには分母が２の分数が１個、２つ目のグループには分母が３の分数が２個、３つ目のグループには分母が４の分数が３個といったように、グループにある分数の数が１個ずつ増えていきます。

　問題を解く時は、与えられた数列を次のように区切りましょう。

1グループ	2グループ	3グループ	4グループ	5グループ

$$\frac{1}{2}, \Big/ \frac{1}{3}, \frac{2}{3}, \Big/ \frac{1}{4}, \frac{2}{4}, \frac{3}{4}, \Big/ \frac{1}{5}, \frac{2}{5}, \frac{3}{5}, \frac{4}{5}, \Big/ \frac{1}{6}, \cdots$$

　グループの番号も一緒に書き込んでおくと、グループの数字と分母の数が１ずれていることを一目で確認できますよ。試験では、素早く作業を終えるために、「１グ」や「１組」のように書くとよいでしょう。

分数でも三角数を応用して、先の数字を予測する

1グループから4グループまでを分けると、次のようになります。

1グループ $\dfrac{1}{2}$

2グループ $\dfrac{1}{3}, \dfrac{2}{3}$

3グループ $\dfrac{1}{4}, \dfrac{2}{4}, \dfrac{3}{4}$

4グループ $\dfrac{1}{5}, \dfrac{2}{5}, \dfrac{3}{5}, \dfrac{4}{5}$

なんだか
三角形っぽい！

そうです。玉を正三角形の形に並べた時と同じような形になります。

そこから各グループに数字がいくつあるかを1＋2＋3＋4＋…と計算して、60番目に近い三角数を探すことになります。

1から10までの数の合計は55ですね。そろそろ覚えてきたでしょうか。三角数で考えた時に10グループ目の最後が55番目なので、60番目までは、分数があと60－55＝5個必要です。

このことから、60番目の分数は、10グループの次の11グループの中で5番目の分数ということがわかります。

この問題のように、数列をグループに分けて考える時には、「何グループの何番目」という情報を必ず残すようにしてください。今回は「11グループの5番目」ですね。

11グループの分母は12なので、求める解答は、$\dfrac{5}{12}$ となります。

三角数でよく使う3つの和を覚えよう

今回のように、手探りで数字を探していかなければならない問題はよくあります。いくつかの代表的な数については、パッと見てすぐにわかるようにしておくとよいでしょう。

三角数については、次の3つを覚えておいてください。

1から10までの和	55
1から63までの和	2016
1から100までの和	5050

四角数でよく使う10個の積を覚えよう

四角数については、次の10個を覚えておきましょう。

11×11＝121	12×12＝144
13×13＝169	14×14＝196
15×15＝225	16×16＝256
17×17＝289	18×18＝324
19×19＝361	45×45＝2025

18×18＝324、
19×19＝361……

ここで言う「覚えておく」とは、たとえば169という数を見たら、瞬間的に「13×13」という式が頭に浮かぶようになっておくということです。

ゴロ合わせで覚えるよりは、何度も自分で計算を繰り返す中で、結果的に覚えていた、という状態のほうが忘れにくく、応用しやすいと思います。

入試では、時事的な要素を取り入れて問題がつくられることがあります。とくに、西暦は数字がそのまま問題に使われることがよくあります。西暦に近い63番目の三角数2016や、45番目の四角数2025を覚えておくと、出題された場合、地道に探す手間を省けますよ。

3章のまとめ

- 玉を正三角形の形に並べた時、そこに並ぶ玉の総数のことを「三角数」と言う

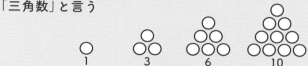

- 三角数は1から連続した整数の和になっている。たとえば、10番目の三角数は、等差数列の和の公式を用いて、
  $1＋2＋3＋\cdots＋10＝（1＋10）×10÷2＝55$と計算できる

- 63番目の三角数が、$1＋2＋3＋\cdots＋63＝（1＋63）×63÷2＝2016$ となることは、西暦に近い三角数として覚えておこう

覚えておきたい三角数		
10番目	63番目	100番目
55	2016	5050

- 玉を正方形の形に並べた時、そこに並ぶ玉の総数のことを「四角数」または「平方数」と言う

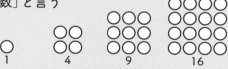

- 四角数は1から連続した奇数の和になっている。たとえば、10番目の四角数は、1から19までの奇数のため、等差数列の和の公式を用いて、
  $1＋3＋5＋\cdots＋19＝（1＋19）×10÷2＝100$と計算できる

- 四角数は同じ数を2回かけた数になっているので、たとえば10番目の四角数は、$10×10＝100$と求めることもできる

覚えておきたい四角数									
11番目	12番目	13番目	14番目	15番目	16番目	17番目	18番目	19番目	45番目
121	144	169	196	225	256	289	324	361	2025

整数を1から順に何個か足し合わせてできる数は三角数とよばれています。次の図のように、三角形に並んだ点の数と等しいからです。

1 　　1+2=3 　　1+2+3=6 　　1+2+3+4=10 ……

このことから、1番目の三角数は1で、2番目は3、3番目は6、4番目は10、……となることがわかります。

また、奇数を1から順に何個か足し合わせてできる数は四角数とよばれています。次の図のように、四角形に並んだ点の数と等しいからです。

1 　　1+3=4 　　1+3+5=9 　　1+3+5+7=16 ……

このことから、1番目の四角数は1で、2番目は4、3番目は9、4番目は16、……となることがわかります。

次の ア ～ カ に当てはまる数を答えなさい。

（1）10番目の三角数は ア で、10番目の四角数は イ です。

（2）100番目の四角数から100番目の三角数を引いてできる数は ウ 番目の三角数になります。また、200番目の三角形の2倍に エ を足すと、201番目の四角形になります。

（3）49番目の三角数は オ で、この数は カ 番目の四角数でもあります。

（浦和明の星女子中・改）

三角数と四角数の関係は、入試でよく出題されるテーマです。(2)は計算せずに求めてみましょう

数列②「三角数」と「四角数」をマスターする ③

（1）三角数を求める等差数列の和の公式にあてはめると、10番目の三角数は、

1＋2＋3＋…＋10＝（1＋10）×10÷2＝<u>55</u>（ア）

10番目の四角数は、10を2回かけると求めることができるので、

10×10＝<u>100</u>（イ）となります。

（2）（1）で求めた10番目の四角数をヒントに考えましょう。
次の図のように考えると、10番目の四角数は、「10番目の三角数と9番目の三角数を足した数」になっています。

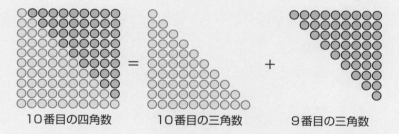

10番目の四角数　　　10番目の三角数　　　9番目の三角数

同様に考えると、100番目の四角数は、「100番目の三角数と99番目の三角数を足した数」となります。よって、100番目の四角数から100番目の三角数を引くと、<u>99</u>（ウ）番目の三角数となります。

また、次の図のように考えると、10番目の四角数は、「9番目の三角数を2倍して10を足した数」になっています。

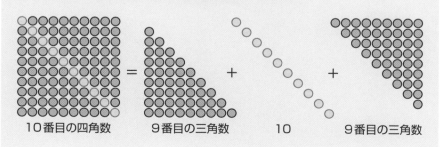

10番目の四角数　　　9番目の三角数　　　10　　　9番目の三角数

200番目の三角形についても同様に考えると、201番目の四角数は、「200番目の三角数を2倍して201を足した数」となるので、答えは201（エ）です。

（3）49番目の三角数は、等差数列の和の公式にあてはめて、

1＋2＋3＋…＋49＝（1＋49）×49÷2＝1225（オ）。

続いて、同じ数をかけ算して1225となる四角数を求めます。
1225を素因数分解すると、5×5×7×7となるので、

1225＝5×5×7×7＝（5×7）×（5×7）＝35×35

よって、49番目の三角数は35（カ）番目の四角数でもあると求めることができます。

三角数と四角数の問題でした。
コツをつかんでいきましょう

下図のように、1番目に1つ点を置き、2番目以降、大きさの異なる正三角形の形に点を並べていきます。このように点を並べたときの点の個数を「三角数」といいます。例えば、2番目の三角数は3、3番目の三角数は6です。

また、下図のように、1番目に1つ点を置き、2番目以降、大きさの異なる正六角形の形に点を並べていきます。このように点を並べたときの点の個数を「六角数」といいます。例えば、2番目の六角数は6、3番目の六角数は15です。

このとき、次の問いに答えなさい。

（1）20番目の三角数はいくつですか。

（2）20番目の六角数はいくつですか。また、その数は何番目の三角数と同じですか。

（3）すべての六角数は三角数となります。その理由を答えなさい。

（サレジオ学院中）

三角数と六角数の関係も、時々登場します。
（3）は六角数を書き出して考えてみましょう

解説

（１）20番目の三角数は、等差数列の和の公式より、

1＋2＋3＋…＋20＝（1＋20）×20÷2＝<u>210</u>となります。

（２）与えられた図より、4番目の六角数は28です。新しく並べた点の数に注目すると、1，5，9，13，…と1から4ずつ増える等差数列になります。

$$\overset{+5\quad+9\quad+13}{1,\ 6,\ 15,\ 28,\ \cdots}$$

20番目の六角数を求めるために、20番目に並べる点の数は計算すると、

4×20－3＝77となります。

よって、20番目の六角数は、等差数列の和の公式を用いて

1＋5＋9＋…＋77＝（1＋77）×20÷2＝<u>780</u>と求められます。

これは、次の三角数の計算と一致します。

1＋2＋3＋…＋39＝（1＋39）×39÷2＝780

よって、<u>39</u>番目の三角数と同じであることがわかります。

（３）三角数と六角数を比べると、次のようになります。

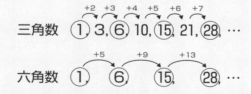

奇数番目の三角数が六角数になっています。

このことは、式または図で説明することができます。

まずは、式で表してみましょう。三角数の奇数番目に注目すると、奇数は（2×□－1）で表すことができます。

（2×□−1)番目の三角数を、等差数列の和の公式にあてはめると、
　{1＋(2×□−1)}×(2×□−1)÷2
　＝2×□×(2×□−1)÷2
　＝□×(2×□−1)
□番目の六角数についても、等差数列の和の公式で求めると、
　{1＋(4×□−3)}×□÷2
　＝(4×□−2)×□÷2
　＝(2×□−1)×□
よって、□番目の六角数と(2×□−1)番目の三角数が同じ式
で表されたので、すべての六角数は三角数となります。

次に、図で説明しましょう。

与えられた図を、次のように左右に分けてみます。

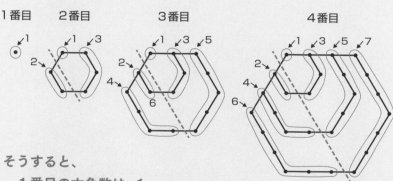

1番目　　2番目　　　　　3番目　　　　　　　　4番目

そうすると、
　　1番目の六角数は、1
　　2番目の六角数は、1＋2＋3
　　3番目の六角数は、1＋2＋3＋4＋5
　　4番目の六角数は、1＋2＋3＋4＋5＋6＋7
と1から連続した整数の和になるので、このことから、すべて
の六角数は三角数であると言えます。

最後の問題はとくに
難しかったかもしれませんね〜

数列③
「フィボナッチ数列」を
使いこなす

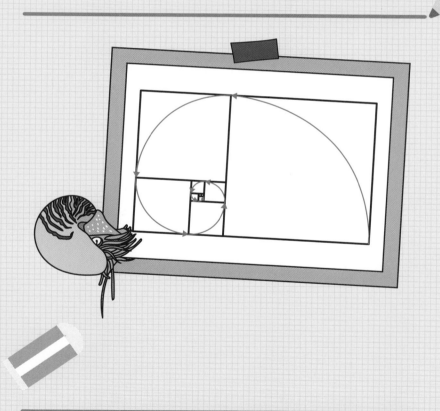

なぜ、人はモナリザや ミロのヴィーナスに惹かれるのか？

 さあ、今日もがんばりましょう。ところで、もっとも美しい形はどのような形だと思いますか？

 唐突ですね…やっぱり正三角形や立方体かなぁ。『図形編』の勉強の時に出てきましたよね。

 確かに、図形の問題を解く時に、正三角形や正方形、立方体といった美しい形を考えると、解き方が見えてくることがあります。とても大事な視点です。でも、今日はちょっと違う話です。
質問を変えましょう。ルーブル美術館には、「モナリザ」という絵があります。この絵に描かれている女性の顔の縦の長さは横の長さの何倍でしょう？

 そんなのわかるわけないですよ。じゃあ2倍！

 2倍もあると思いますか？それじゃあ、顔が長すぎますよ。

 確かに…。じゃあ、1.5倍！

 正解は…約1.618倍です。

 先生、ぼくはクイズ選手権に出るつもりはないので、そういう雑学を教えてもらってもあまり意味がないような…。

面長すぎるモナリザ

パリに行くと、「モナリザ」以外にも約1.618倍の比率のものをたくさん見つけることができるんですよ。同じルーブル美術館にある「ミロのヴィーナス」もそうです。他に「凱旋門」にも同じ比率がありますね。

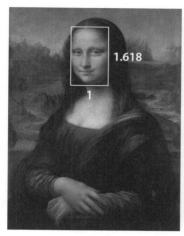

モナリザ　　　　　　　　　　　　ミロのヴィーナス

そういえば、先生はパリが好きで何回も旅行に行っているんでしたっけ。でも、ぼくにとってはどうでもいい情報だなぁ。だいたい、1.618倍というのも偶然かもしれないし…。そろそろ算数の勉強を始めましょうよ。

えぇ、もう始まっていますよ。

えっ!? また前回と同じ展開!?

フィボナッチ数列で、算数のおもしろさがわかる

フィボナッチ数列は、1つ前の数が足されていく数列

　2章では等差数列について、3章では差が等差数列となっている数列について話をしました。4章では、もう少し複雑な数列について学んでいきます。

　まずは、次の問題を見てみましょう。

例題6

ある規則にしたがって、数が並んでいます。

　　1 , 1 , 2 , 3 , 5 , 8 , 13, 21, 34, 55, 89, 144, □

この時、□にあてはまる数を求めなさい。

　この数列は、中学入試によく登場する有名な数列です。6年生の受験生であれば、瞬間的に反応できなくてはいけません。いったいどんな規則があるのでしょうか。

　これまでに出てきた他の数列と同じように、まずは差に注目します。実際に書き込んでみましょう。

$$
\begin{array}{ccccccccccccc}
{}^{+0} & {}^{+1} & {}^{+1} & {}^{+2} & {}^{+3} & {}^{+5} & {}^{+8} & {}^{+13} & {}^{+21} & {}^{+34} & {}^{+55} & {}^{+?} \\
1, & 1, & 2, & 3, & 5, & 8, & 13, & 21, & 34, & 55, & 89, & 144, & \square
\end{array}
$$

　差を書き込んでみると、どんな規則があるか見えてきましたね。前の2つの数を足す形になっています。

わかった！

よって、答えは89＋144＝**233**と求めることができます。

このような数列を「フィボナッチ数列」と言い、この数列に登場する数をフィボナッチ数と言います。1202年に出版された『算盤の書』の中で紹介されていて、その筆者であるレオナルド・フィボナッチの名前が使われています。

◀ 植物の花びらにも隠れているフィボナッチ数

フィボナッチ数は、自然界の至るところで発見できることが知られており、花びらの枚数はフィボナッチ数であるものが多いようです。たとえば、ユリの花びらは3枚、サクラの花びらは5枚、コスモスの花びらは8枚になっています。

ユリ

サクラ

コスモス

あれ？ ユリは花びらが6枚に見えるけど…

ユリの花びらは一見6枚に見えますが、外側にある3枚の花びらのようなものは、「がく」です。同じように、「がく」が「花びら」と間違えられやすい植物としてはアジサイが有名ですね。

『種の起源』の著者であるイギリスの科学者ダーウィンが体系化した「自然選択説」という考え方があります。これによると、自然環境に適した生き物のほうが子孫を残しやすいようです。

花びらが7枚の植物よりも、フィボナッチ数である8枚のほうが自然環境に適しているとしたら、何とも不思議なものですね。

次のような入試問題が出題されたことがあります。

例題7

今まで算数を学んできた中で、実生活において算数の考え方が活か
されて感動したり、おもしろいと感じた出来事について簡潔に説明
しなさい。

（駒場東邦中）

先ほどのフィボナッチ数の話は、実生活ではなく自然界における話な
のでこの問題の答えにはなりませんが、算数に関連するものが自分の生
活や自然界にもたくさんあるとしたら、勉強する気になってきませんか？

◆ 場合分けにも、フィボナッチ数が隠れている …………………………………

フィボナッチ数は、さまざまな問題の背後に隠れています。

例題8

階段を一度に1段または2段のぼります。その時、2段の階段をの
ぼる方法には、1段ずつ2回でのぼる方法と、2段を1回でのぼる方
法の2通りがあります。7段の階段をのぼる方法は何通りありますか。

まずは、「場合分け」をして地道に数えてみましょう。1段と2段を
組み合わせて7段にする方法は、次の4パターンがあります。

パターン①……7＝1＋1＋1＋1＋1＋1＋1
パターン②……7＝1＋1＋1＋1＋1＋2
パターン③……7＝1＋1＋1＋2＋2
パターン④……7＝1＋2＋2＋2

「1＋1」を「2」と入れ替えていくことで、もれのないように書き出すことができます。

パターン①は、並べ替えても1通りです。
1 + 1 + 1 + 1 + 1 + 1 + 1

パターン②を並べ替えると、全部で6通りあります。
1 + 1 + 1 + 1 + 1 + 2
1 + 1 + 1 + 1 + 2 + 1
1 + 1 + 1 + 2 + 1 + 1
1 + 1 + 2 + 1 + 1 + 1
1 + 2 + 1 + 1 + 1 + 1
2 + 1 + 1 + 1 + 1 + 1

パターン③を並べ替えると、全部で10通りあります。
1 + 1 + 1 + 2 + 2   1 + 1 + 2 + 2 + 1
1 + 1 + 2 + 1 + 2   1 + 2 + 2 + 1 + 1
1 + 2 + 1 + 2 + 1   1 + 2 + 1 + 1 + 2
2 + 2 + 1 + 1 + 1   2 + 1 + 2 + 1 + 1
2 + 1 + 1 + 2 + 1   2 + 1 + 1 + 1 + 2

パターン④を並べ替えると、全部で4通りあります。
1 + 2 + 2 + 2   2 + 1 + 2 + 2
2 + 2 + 1 + 2   2 + 2 + 2 + 1

これらをすべて合計すると**21通り**になります。
21はフィボナッチ数でしたね。

ただの偶然じゃないの？

81

隠れているフィボナッチ数列の見つけ方

次のように考えると、段数がもっと増えても簡単に求めることができます。

1段の階段をのぼる方法が1通りで、2段の階段をのぼる方法が2通りということはすぐにわかります。

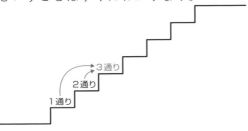

3段の階段をのぼる時の最後の1歩に注目すると、1段目から2段のぼるか、2段目から1段のぼるかのどちらかになります。そうすると、3段のぼる方法が1＋2＝3通りと求めることができます。

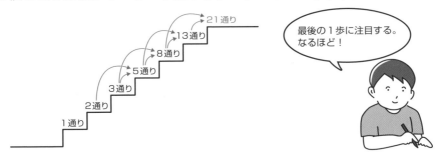

最後の1歩に注目する。
なるほど！

4段の階段をのぼる場合も、最後の1歩に注目すると、2段目から2段のぼるか、3段目から1歩のぼるかのどちらかになります。そうすると、4段のぼる方法は2＋3＝5通りということがわかります。

この作業を繰り返していくと、次のように計算できます。
・5段のぼる方法は、3＋5＝8通り
・6段のぼる方法は、5＋8＝13通り
・7段のぼる方法は、8＋13＝**21通り**

数列の規則を見つけるコツは、小さい階段から計算すること

　このように、フィボナッチ数列が隠れていたことがわかりましたか？

　1段から何通りかを順に並べると、{1, 2, 3, 5, 8, 13, 21}となります。ここから先についても、**前の2つの数を足し算することで次の数が求められるようなしくみがある**ことが確認できたので、フィボナッチ数列が続いていくことがわかります。

　今回のように、まずは小さい段数で計算をしてみて、そこで何か規則を見つけて、その規則を使ったもっと大きな段数について計算していく…という姿勢は、さまざまな問題を解いていくうえでとても大切です。

図形に隠れているフィボナッチ数列を見つけよう

　続いて、次の問題を解いてみましょう。

例題9

　1辺の長さが1cmの正方形Aがあります。図のように、Aと1辺を接する正方形①をAの右へ描いて長方形をつくり、次に、その下へ1辺を接する正方形②を描いて長方形をつくります。さらに、その右へ正方形③を描いて長方形をつくります。

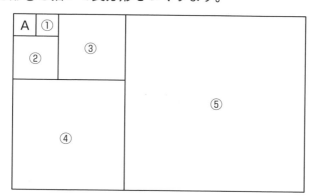

　この操作を繰り返し行う時、正方形⑦の1辺の長さは何cmですか。

図を見ながら、順番に長さを求めてみましょう。

①の１辺の長さは、１cm

②の１辺の長さは、１＋１＝２cm

③の１辺の長さは、１＋２＝３cm

④の１辺の長さは、２＋３＝５cm

⑤の１辺の長さは、３＋５＝８cm

続きの図を描くと、次のようになります。

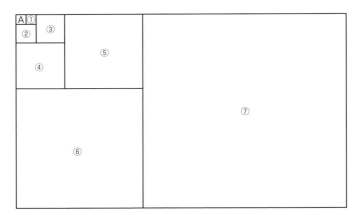

図形を見れば、新しく正方形を描いた時には、１つ前の正方形と２つ前の正方形の１辺の長さの和になっていることが確認できますね。

⑥の１辺の長さは④と⑤の和に、⑦の１辺の長さは⑤と⑥の和になっています。

⑥の１辺の長さは、５＋８＝13cm

⑦の１辺の長さは、８＋13＝**21cm**

ここでは足し算の式をすべて書きましたが、実際に問題を解く時は、正方形の１辺の長さだけを、数列として書き出すほうがよいでしょう。

途中までは、実際に図の中に数字を書き込みながら考え、規則に気づいたあとは数字だけを書いていく流れをつくりましょう。

◆ フィボナッチ数からできあがる「黄金螺旋」

　ちなみに、この正方形を順番に描いていく作業を、右→下→右→下ではなく、右→下→左→上と輪を描くように並べると、おもしろい形ができます。

　正方形をたくさん並べて、外側の正方形から順番に弧を描いていくと、次の図のようになります。

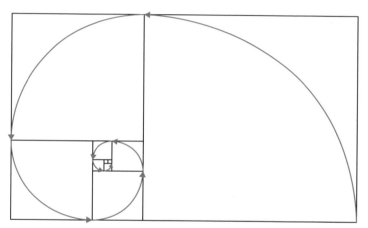

　このような渦は、「黄金螺旋」と呼ばれていて、これもまた自然界で数多く目にすることができます。このような模様のある生き物を、見たことがありませんか？

オウムガイだ！

◆ 人間が美しさを感じる「黄金比」

　さて、次の図のように、長方形から正方形を切り取ると、もとの長方形と同じ形（相似）になる長方形があるとします。

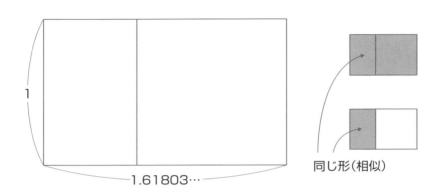

同じ形（相似）

　このような長方形の縦と横の長さの比を、「黄金比」と言います。

　簡単な整数の比で表すことはできませんが、短いほうの辺の長さを1とすると、「1：1.61803…」となります。

　黄金比は、およそ「1：1.618」とされることが多いのです。

　これは人間が美しさを感じる比率と言われていて、美術品や建物の中に多く見出すことができます。古代ギリシアの時代に建てられたパルテノン神殿が、その一例として有名です。

そんな大昔から
黄金比があったんだ…

連続するフィボナッチ数の関係は、黄金比に近づいていく

　じつは、先ほどの例題のように正方形をたくさん描いていくと、全体の長方形の縦と横の長さの関係が「黄金比」に近づいていくことが知られています。

本当に黄金比に近づいていくのか、さっそく計算してみましょう。

フィボナッチ数列について、次の数が前の数の何倍になっているのか
を計算すればいいですね。

何倍?

1 , 1 , 2 , 3 , 5 , 8 , 13 , 21 , 34 , 55 , 89 , 144 , …

順番に割り算してみると、次のようになります。

1	÷	1	=	1
2	÷	1	=	2
3	÷	2	=	1.5
5	÷	3	=	1.66666…
8	÷	5	=	1.6
13	÷	8	=	1.625
21	÷	13	=	1.61538…
34	÷	21	=	1.61904…
55	÷	34	=	1.61764…
89	÷	55	=	1.61818…
144	÷	89	=	1.61797…
黄金比			1 :	1.61803…

このように、少しずつ黄金比に近づいていくのです。
この法則を知ると、きっとフィボナッチ数列を見るたびに「美しい」
と感じるようになっていくはずですよ。

4章のまとめ

- 1番目の数を1、2番目の数を1として、
  3番目の数＝1番目の数＋2番目の数＝1＋1＝2
  4番目の数＝2番目の数＋3番目の数＝1＋2＝3
  というように前の2つの数を足した数を並べたものを「フィボナッチ数列」と言う

  　　1, 1, 2, 3, 5, 8, 13, 21, 34, 55, 89, 144, 233, …

- フィボナッチ数列に登場する数を「フィボナッチ数」と言う
- フィボナッチ数は、自然界でも多く確認することができる数
- 連続する2つのフィボナッチ数の関係は、「黄金比」（およそ1:1.618）に近づいていく
  ①は、一度に1段または2段で階段をのぼる方法の計算問題
  ②は、1辺の長さが1の正方形を2つ並べて長方形をつくり、そのすぐ下、そのすぐ右へと、順番に接する正方形を並べていく時の正方形の1辺の長さの計算問題

入試問題で出題されるフィボナッチ数列の例

①階段ののぼり方

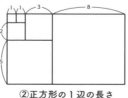

②正方形の1辺の長さ

- フィボナッチ数列のように、前の数を組み合わせて次の数が決まるような問題を解く時には、まずは小さい数で計算をしながら規則を見つけて、その規則を使って大きな数の計算をしていくのがポイント

整数を次のようにしてならべます。

1番目の数を1とし、2番目の数を3とします。

1番目の数と2番目の数の合計の一の位を3番目の数、

2番目の数と3番目の数の合計の一の位を4番目の数、……とします。

次の問いに答えなさい。

　　1, 3, 4, 7, 1, 8, 9, 7, ……

①45番目の数を求めなさい。

②45番目の数から81番目の数までの合計を求めなさい。

(フェリス女学院中)

フィボナッチ数列と似ていますね。
続きを書き出すことは難しくない
はずですよ

最初に続きを書き出して周期を探しましょう。1番目と2番目が{1,3}になっているため、{1,3}が表れるまで書き出していきます。

$$\underbrace{1,3,4,7,1,8,9,7,6,3,9,2,}_{1つの周期}/\overset{\smile}{1},\overset{\smile}{3},\cdots$$

13番目と14番目で{1,3}が表れたので、12個の数が繰り返されているということがわかりました。

①45番目を求めるために、周期となる12個の数を何回繰り返すのかを計算します。

　45÷12＝3あまり9

つまり、3回繰り返してあと9個なので、45番目は、12個の数の中で9番目の数である6と求めることができます。

②45番目の数から81番目の数までには、

　81－45＋1＝37個の数があります。

37個の数の中で12個の数が何回繰り返すかを計算すると、

　37÷12＝3あまり1となります。

	1周期					2周期					3周期					あまり
番目	45	46	47	…	56	57	58	59	…	68	69	70	71	…	80	81
数	6	3	9	…	7	6	3	9	…	7	6	3	9	…	7	6

　この、あまった1個は①で求めた「6」ですから、周期となる12個の数3セット分の数の合計に、6を加えましょう。

　よって、(1＋3＋4＋7＋1＋8＋9＋7＋6＋3＋9＋2)×3＋6＝186が答えとなります。

　フィボナッチ数列のように、1番目と2番目の数を{1,1}や{0,1}に問題の設定を変えると、周期は60個となります。書き出して確認してみてくださいね。

入試問題に挑戦 8

いろいろな大きさの正三角形を、次のように置いていきます。はじめに、下の図1のように1辺の長さが1cmの正三角形3枚①②③と1辺の長さが2cmの正三角形2枚④⑤を置きます。次からは、できた図形の最も長い辺を1辺とする正三角形をもとの図形のとなりに、図2のようにうずまき状に置いていきます。このとき、次の問いに答えなさい。

〈図1〉

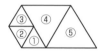

〈図2〉

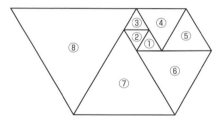

（1）⑦の正三角形を置いたとき、できる図形の周の長さは何cmですか。

（2）⑮の正三角形を置いたとき、できる図形の面積は①の正三角形の面積の何倍ですか。

（桜蔭中）

正三角形の1辺の長さが
どのように増えていくか
考えてみましょう

解説

（1）⑥以降の1辺の長さは、正三角形の配置から、1つ前の長さと5つ前の長さを足すと求められるという規則性があります。⑰の1辺の長さまで書き出すと次のようになります。

$$\overset{+1}{\overbrace{}}\overset{+1}{\overbrace{}}\overset{+1}{\overbrace{}}\overset{+2}{\overbrace{}}\overset{+2}{\overbrace{}}\overset{+3}{\overbrace{}}\overset{+4}{\overbrace{}}\overset{+5}{\overbrace{}}\overset{+7}{\overbrace{}}\overset{+9}{\overbrace{}}\overset{+12}{\overbrace{}}\overset{+16}{\overbrace{}}$$

1, 1, 1, 2, 2, 3, 4, 5, 7, 9, 12, 16, 21, 28, 37, 49, 65, …
① ② ③ ④ ⑤ ⑥ ⑦ ⑧ ⑨ ⑩ ⑪ ⑫ ⑬ ⑭ ⑮ ⑯ ⑰

次に⑰まで正三角形を並べてみましょう。下の図のように⑬から⑰までが周りに表れるので、それらの辺の長さを足して周の長さを求めます。

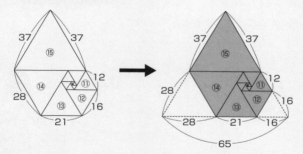

よって、21＋28＋37＋49＋65＋65＝<u>265㎝</u>となります。

（2）⑮まで正三角形を並べた図に、計算しやすいように正三角形を2つ補って考えてみましょう。

⑮まで正三角形を並べた図形の面積は、大きな三角形の面積から、補った2つの三角形の面積を引いて求めることができます。

1辺が1㎝の正三角形の面積を1とすると、求める面積は、

65×65－（28×28＋16×16）＝4225－（784＋256）＝3185

よって、<u>3185倍</u>となります。

第 5 章

場合の数①
「順列」と「組み合わせ」を
使い分ける

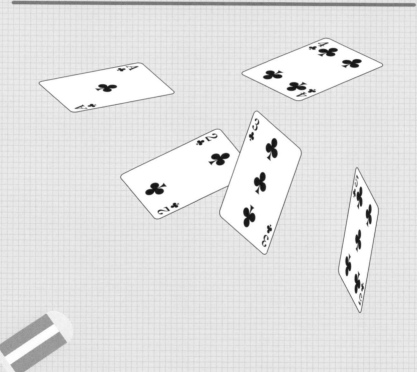

まなぶ君はいつも勉強をがんばっているので、今日はサーティワンアイスクリームを食べに行きましょう。

 えっ!? 塾の先生がそんなことしていいんですか!?（嬉しいけど…）

 大丈夫です。以前はミスタードーナツ食べ放題という企画をやったこともあるくらいですから。

 わ〜い！ それなら、ぼくはシングルよりダブルがいいな。

 フフフ…。ダブルですか、いいでしょう。

 どれにしようかな。たくさん種類があるなぁ。

 全部で何種類あるかわかりますか？

 えっと、1列に2種類アイスがあって16列あるから、2×16＝32種類ですね。サーティワンなのに31じゃなく32なんだ。

 そうなんです。では、ダブルの組み合わせは何種類あるでしょうか。順番は逆でも1通りとしますよ。

 先生は何でも勉強につなげてくるなぁ…。そんな予感はしていたけれど…。そうだなぁ…じゃあ64種類！

まなぶ君、それはいけませんね。だって、たとえば私が好きなラムレーズンを最初に選んだら、残り1つを32－1＝31種類から選ぶことになります。いいですか？ ラムレーズンを入れた組み合わせだけで31通りもあるのです。ストロベリーもバニラもチョコレートもクッキーアンドクリームもたくさんあるわけですから、どう考えても64種類はありえないでしょう。

あの…先生…、店員さんから怪しまれていますよ…。えっと、じゃあラムレーズンを選んだら残り31種類、ストロベリーでも残り31種類、バニラでも残り31種類、と考えていくと、31×32＝992通りですか？

残念。不正解です。でも、いいところまではいきましたね。答えはその半分の496通りです。

えっ!? どうして半分なんですか？

フフフ、それはアイスを食べながら考えましょうか。ヒントは組み合わせです。

うぅ～ん…どうしてなんだろう。それはあとで考えよう。でも、ダブルで同じアイスを選ぶというのもアリですよね。ラムレーズンとラムレーズンとか。だったら、32通り増えるから、496＋32＝528通りとも言えますよね。

？あっ…

ラムレーズン×ラムレーズン！

あっ…。

順列は「樹形図」を使って マスターしよう

ある事柄が何通りあるかを求めよう

　ここからは、「場合の数」へと話を移します。小学校で学ぶ「場合の数」は、中学校で学ぶ「確率」へとつながる大切な単元です。わからないままにすると、中学校でも苦労することになってしまいます。

　5章では、「場合の数」の基本的な計算方法について確認していきます。

　まずは、次の例題を見てみましょう。

例題10

次のように、3枚のトランプが並んでいます。

これら3枚のトランプをこのように一列に並べる時、全部で何通りの並べ方がありますか？

それほど多くないので、試しに並べてみましょう。

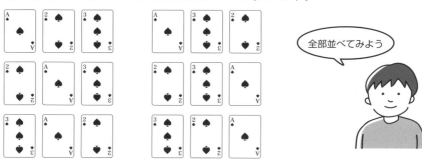

全部並べてみよう

並べ方は**6通り**あることがわかります。

場合の数は「樹形図」で効率よく数えよう

実際に1つずつ数えていく場合は、次のような形で書き出すと効率よく数えることができます。

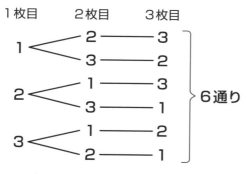

確かに木の枝みたいに分かれてる！

このような図の書き出し方を「**樹形図**」と言います。**木が枝分かれしていくような形**をしていますね。素早く整理しながら書き出すことができて便利です。

場合の数を数式で計算しよう

この例題のように、異なるものを並べる時は、全部で何通りあるかを簡単な計算で求めることができます。下の図は左から順に、1枚目、2枚目、3枚目と並べていく様子を表しています。

1枚目に使えるトランプは「1」か「2」か「3」の3通りあります。続いて2枚目に使えるトランプは、1枚目で使わなかった3－1＝2通

りになります。最後3枚目に使えるトランプは、1枚目、2枚目で使わなかった3－2＝1通りとなります。

1枚目　　　　2枚目　　　　3枚目

3通り　　　　2通り　　　　1通り

1枚目の3通りそれぞれに対して、2枚目が2通り、3枚目が1通りとなっているので、3×2×1＝**6通り**と計算できるのです。

樹形図が枝分かれしていく様子をイメージすると、まず3つに分かれて、次にすべてが2つに分かれて、最後は枝分かれせずそのままです。この計算の考え方がよくわかるのではないでしょうか。

このように、**いくつかの異なるものについて、一部または全部を並べたものを「順列」と言います。**順列が全部で何通りあるかは、簡単な計算で求めることができます。

▶順列が全部で何通りあるか、かけ算で計算してみよう

次の問題を見てみましょう。

例題11

次のように、6枚のトランプがあります。

この中から3枚のトランプを選んで一列に並べる時、全部で何通りの並べ方がありますか。

先ほどと同じように、左から順に、1枚目、2枚目、3枚目と並べて考えてみましょう。

1枚目として選ぶことのできるトランプは全部で6通りあります。続いて、2枚目のトランプを選ぶとしたら、1枚目で使わなかった6−1＝5通りに選択肢が減ります。さらに、3枚目のトランプを選ぶ時は、1枚目、2枚目で使わなかった6−2＝4通りとなりますね。

1枚目の6通りの選択肢それぞれに対して、2枚目の選択肢が5通り、3枚目の選択肢が4通りあるということです。

よって、全部で6×5×4＝**120通り**となります。

順列の計算のコツは、数字を1つずつ小さくすること

このように、**順列が全部で何通りあるかを計算するには、数字を1つずつ小さくしながらかけ算をします。この計算式で解くことに慣れておきましょう。**

さて、今回は6枚のトランプから3枚を選んで一列に並べましたが、これが、「6枚のトランプから3枚を選ぶ」となると、答えが変わるのはわかりますか？

え、同じじゃないんですか？

「組み合わせ」は
基本の計算方式で覚える

組み合わせの「場合の数」は、重複に注意

さっそく、次の問題を見てみましょう。

例題12

次のように、5枚のトランプがあります。

この中から2枚のトランプを選ぶ時、その組み合わせは全部で何通りありますか。

この問題のように2枚のトランプを選ぶ時は、2枚のトランプは同時に選ばれて、1枚目や2枚目といった区別はないと考えてください。

つまり、「1と2を選んだ」場合と「2と1を選んだ」場合は、同じ組み合わせになるということです。

組み合わせの計算①まず順番を区別して計算する

少しややこしいので、計算の方法を整理していきましょう。まずは順番を区別し、そのあとで計算していきます。

5枚から2枚を並べる時は、5×4＝20通りと計算できました。でもこのように計算すると、「1，2」と「2，1」のように、順番を並べ替えただけのものが別の組み合わせとしてカウントされてしまいます。

実際に20通りの順列を、樹形図を使ってすべて書き出すと次のように
なります。

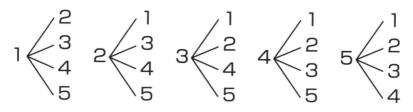

組み合わせの計算②重複したものを消す

樹形図を書く様子を順番に確認していきましょう。

「1－2」、「1－3」、「1－4」、「1－5」は組み合わせとしてカウン
トできますが、次の「2－1」は前に出た「1－2」と重複してしまう
ため、カウントできません。

続いて、「2－3」、「2－4」、「2－5」はカウントできますが、次
の「3－1」、「3－2」は、前に出た「1－3」、「2－3」と重複して
いるためカウントできません。

重複したものに×印をつけていくと、次のようになります。

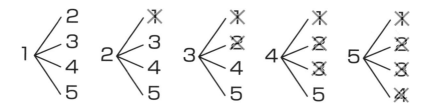

ちょうど半分が重複して消えてしまいました。

これは、単純に2で割ればよいという話ではありません。ポイントは、
2枚選んだから「2」で割るのではなく、2枚選んだ場合の数「2×1
＝2通り」の「2」で割るという点。覚えておきましょう。

「全体から並べる場合の数」÷「選んだものを並べる場合の数」

順を追って説明しましょう。

5枚のトランプの中からある2枚を選び、その2枚を並べることを考えてください。2枚のトランプの並べ方は、2×1＝2通りです。

どんな2枚を選んだとしても、その並べ方が必ず2通りずつあることになります。

そうすると、最初に求めた20通りの中には、あらゆる組み合わせが2回ずつカウントされていることになりますね。

つまり、20÷2＝**10通り**ということになります。

そうすると、式は次のような形で表すことができます。

$$\frac{5 \times 4}{2 \times 1} = \textbf{10通り}$$

「5枚の中から3枚」を選んだ時の、場合の数

では、次の問題はどうなるでしょう。

例題13

次のように、5枚のトランプがあります。

この中から3枚のトランプを選ぶ時、その組み合わせは全部で何通りありますか。

先ほどと同じように考えて、5枚から3枚を並べると、5×4×3＝60通りです。2枚を選ぶ時は2×1＝2通りずつの重複でしたが、3枚を選ぶ時は「1，2，3」「1，3，2」「2，1，3」「2，3，1」「3，1，2」「3，2，1」の6通りが同じであるため、3×2×1＝6通りずつ重複します。

3枚選ぶからと言って、3で割るわけではないことに注意しましょう。式は、次のように表します。

$$\frac{5 \times 4 \times 3}{3 \times 2 \times 1} = \underline{\textbf{10通り}}$$

◆ ある組み合わせを「選ぶ」ことと「選ばない」ことは、同じ作業

ここで、1つ気づいてほしいことがあります。

10通りという答えは、例題12と同じ答えですが、これは、偶然の一致ではありません。

「5枚から3枚選ぶ」ことは、別の言い方をすれば「5枚から2枚選ばない」ことになります。 5枚のトランプを「選ぶ3枚」と、「選ばない2枚」にグループ分けしたと考えてください。

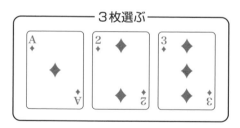

「5枚から3枚選ぶ」時に、「選ばない2枚」をどれにするか考えるのは「5枚から2枚選ぶ」ことを考えていることに他なりません。

つまり、「5枚から3枚選ぶ」「5枚から2枚選ぶ」、どちらの場合も同じ作業だということになります。

５章のまとめ

- 異なるいくつかのものから、一部または全部を一列に並べる並べ方を「順列」と言う。たとえば、5枚のトランプから2枚並べると、5×4＝20通りと計算できる

- 異なるいくつかのものから、一部または全部を選ぶことを「組み合わせ」と言う。「順列」との違いは、順番を区別しないこと。たとえば、5枚のトランプから2枚選ぶ場合は、$\dfrac{5 \times 4}{2 \times 1}$＝10通りと計算できる。また、5枚のトランプから3枚選ぶ場合は、$\dfrac{5 \times 4 \times 3}{3 \times 2 \times 1}$＝10通りと計算することができる

- 「5枚から3枚選ぶ」ことと、「5枚から2枚選ばない」ことは、同じ組み合わせのパターンを求めているということ

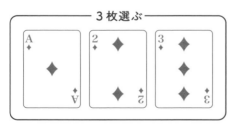
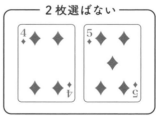

- 組み合わせを考える時には、まず並べ方を考えて、それから重複するものを割っていく…という順番で答えを求める

入試問題に挑戦 9

A、B、C、D、E、F、G、Hの8個の文字すべてを1列に並べるとき、AとCがいずれも端になく、AとCがともにFと隣り合う並べ方は全部で☐通りあります。

（渋谷教育学園渋谷中）

まずはAとCがともにFととなり合う並べ方を考えてみましょう

AとCがともにFととなり合うことから、「AFC」または「CFA」の3文字になる並べ方が何通りあるかを求めましょう。8文字の中で、ACFの3文字の置き場所は、AとCがいずれも端にないことから、次の4通りであることがわかります。

ACF以外の5文字の並べ方

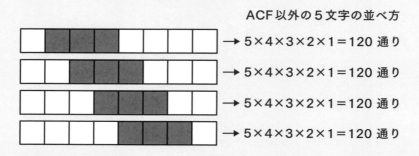

→ 5×4×3×2×1＝120 通り

→ 5×4×3×2×1＝120 通り

→ 5×4×3×2×1＝120 通り

→ 5×4×3×2×1＝120 通り

ACFをある特定の場所に置いた時、ACF以外の5文字を5カ所に並べる方法は、それぞれ、5×4×3×2×1＝120通りあります。

AとCがともにFととなり合う並べ方が「AFC」と「CFA」の2通りあり、置き場所が4通りあることから、求められる場合の数は、120×2×4＝960通りとなります。

\動画で解説/

1から5までの数字が書かれた5枚のカードがあります。この中から4枚を取り出して並(なら)べ、4桁(けた)の数を作ります。
このとき、次の問いに答えなさい。

（1）4桁の数は全部で何通り作れるか答えなさい。

（2）作った4桁の数と残ったカードの数をかけるとき、2番目に大きい積を答えなさい。

（3）作った4桁の数を残ったカードの数で割るとき、割り切れる場合は全部で何通りあるか答えなさい。

（学習院中等科）

3の倍数や4の倍数を判別する方法は、1章でも登場しましたね

解説

（1）{1，2，3，4，5}から4枚を並べると、

5×4×3×2＝<u>120通り</u>になります。

（2）積を大きくするには、上の位の数字を大きくすればよいので、次の2つの並べ方とカードの残し方が考えられます。

・4□□□×5

・5□□□×4

それぞれ、大きいほうからカードを並べ、2通りずつ計算をして積を比べます。

・4321×5＝21605　　4312×5＝21560

・5321×4＝21284　　5312×4＝21248

よって、求められる2番目に大きい積は、<u>21560</u>となります。

（3）残ったカードから、場合分けをして考えていきます。

残ったカードが1の時、4桁の数はすべて割り切れるので、

4×3×2×1＝24通り。

残ったカードが2の時、割り切るためには1の位が4である必要があります。よって、3×2×1＝6通り。

残ったカードが3の時、1＋2＋4＋5＝12。

どんな順番で並べても3の倍数になるので割り切れます。ですから、

4×3×2×1＝24通りとなります。

残ったカードが4の時、{1，2，3，5}から下2桁を4の倍数にできるものは、「12」、「32」、「52」の3通りです。残りの上2桁の並べ方を含めて考えると、（2×1）×3＝6通りになります。

残ったカードが5の時は、{1，2，3，4}から1の位を0または5の倍数にはできないので、0通りとわかります。

よって、答えは、すべての場合を合計した、

24＋6＋24＋6＋0＝<u>60通り</u>と求めることができます。

5

場合の数①「順列」と「組み合わせ」を使い分ける

第 **6** 章

場合の数②
図形上の「点の移動」や
「色のぬり分け」の
解き方を覚える

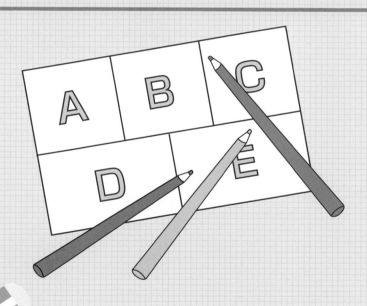

第6章 場合の数を学べばカジノで勝てる？

 先生、「場合の数」の勉強をしても何に役立つのかわかりません。何通りあるかわかったところで、何か役に立つことがあるのかなぁ。

 「場合の数」は、今後まなぶ君たちが勉強する「確率」につながっていきますから、きっと勉強する意味をもっと見出せると思いますよ。

では、1つお話をしましょう。昔、ラスベガスに行った時、カジノを見学しました。日本にも入ってくるかもしれないと言われていたので。

 先生…、小学生を相手にそんな話をしてもいいんですか？

 大丈夫です。そこでサイコロを3個ふって、出た目の和を当てるギャンブルがあったのです。3つともサイコロの1が出ることを予想して、当たったらお金が181倍になると書いてありました。

 すごい！ 1000円をかけたら18万1000円！ いくらでも遊べそう！ ぼくもやってみたいな！

 でも、私はそれを見て、やろうとはまったく思いませんでした。なぜなら、サイコロの目が出る確率を考えたからです。サイコロは1から6の6通りですよね。1が出る確率は$\frac{1}{6}$です。ということは、サイコロの目が3つとも1になる確率は、$\frac{1}{6} \times \frac{1}{6} \times \frac{1}{6} = \frac{1}{216}$ しかないのです。

確率低いなぁ～。それなら216倍をもらえないとおかしいですよね！

 でも、実際には181倍にしかなりません。ギャンブルとはそういうものなのです。やればやるほど損をする人が多くなるということが、確率を勉強するとわかります。

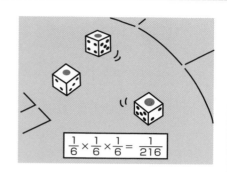

$$\frac{1}{6} \times \frac{1}{6} \times \frac{1}{6} = \frac{1}{216}$$

 へぇ！ じゃあ、ぼくがサイコロを使ったギャンブルを考えて、みんなにやらせたら、儲けられるってことですね。

 それは犯罪ですから、絶対にやってはいけませんよ。
とにかく、私が言いたいのは、場合の数を学び、確率を知っていれば将来役立つことはあるということです。
今日の内容は難しいかもしれませんが、ぜひあきらめずについてきてくださいね。

 はーい！

平面や立体の点の移動を 「場合の数」で求めてみよう

場合の数を図形で考えてみよう

　5章では、「順列」と「組み合わせ」について基本的な計算方法を確認しました。この章では、図形的な要素と絡めて、「場合の数」の理解を深めていきましょう。

　図形の辺に沿って点が移動することを考えます。平面や立体で点が移動する「場合の数」には、いろいろなタイプの問題がありますが、次の問題のように、同じ頂点や辺を2回以上通ってもよいタイプのものが、基本になります。

例題14

図のように、正三角形4つで囲まれた立体があります。

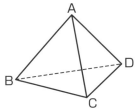

点Pははじめ頂点Aにあり、1秒ごとに他の3つの頂点のうち1つに移動します。たとえば、2秒後に点Pが頂点Aにあるような動き方は「A→B→A」、「A→C→A」、「A→D→A」の3通りあります。3秒後に点Pが頂点Aにあるような動き方は何通りありますか。

　まず、移動する様子を書き出してみましょう。このような場合には、樹形図を使うと便利でしたね。

樹形図を使って、1秒後、2秒後、3秒後に点Pがどこにあるかすべて書き出すと、次のようになります。

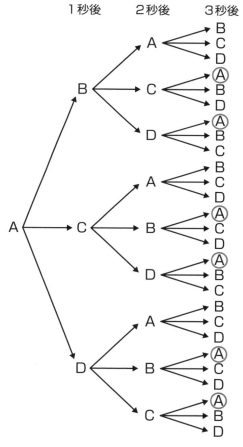

全部で27通りの移動を書き出すことができました。

この中で3秒後に頂点Aにあるものは、○をつけた6通りです。でも、ちょっとムダな作業が多いような気がしますね。

こんなにたくさん書き出したくないなぁ…

◆ 2秒後の樹形図を見れば、3秒後の答えが出せる

少し、工夫してみましょう。

3秒後に頂点Aにあるためには、2秒後に頂点Bか頂点Cか頂点Dにある必要があります。ということは、2秒後までの樹形図で答えを出すことができそうです。

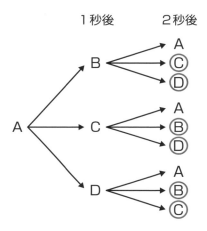

1秒後　　　　2秒後

2秒後に点Pが頂点B、頂点C、頂点Dにあるような動き方を考えると、○をつけたものを数えて6通りと求めることができます。かなりスッキリしましたね。

とは言え、4秒後や5秒後のことを聞かれたら、樹形図の続きをたくさん書かなければならないという問題が残っています。

◆ 表を使って、場合の数を計算する

じつは、この問題のように、**いろいろな場合について数えていく時は、樹形図よりも便利な道具があります。それは表です。**でも、慣れるまでは樹形図よりも使いこなすのが難しいかもしれません。

1秒後、2秒後、3秒後について、それぞれの頂点にあるような移動が何通りあるかを、表にまとめてみましょう。

	0秒後	1秒後	2秒後	3秒後
頂点A	1	0	3	6
頂点B	0	1	2	7
頂点C	0	1	2	7
頂点D	0	1	2	7
合計	1	3	9	27

3秒後に頂点Aにあるためには、2秒後には頂点Bか頂点Cか頂点Dにある必要があるので、表の数字を組み合わせて、2＋2＋2＝6通りと計算できます。

このような考え方をすると、4秒後や5秒後の話になっても、順番に計算で求めることができます。2秒後の数を組み合わせて3秒後の数が決まる様子は、4章で学んだ「フィボナッチ数列」と似ていますね。

この表は、3次元的な形にまとめることもできます。見取り図の中に数字を書いてしまえばいいのです。

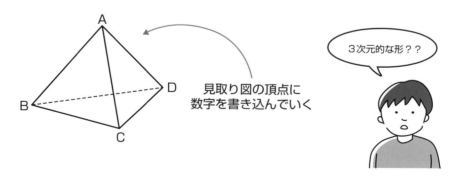

見取り図の頂点に
数字を書き込んでいく

3次元的な形？？

0秒後、1秒後、2秒後、3秒後について、点Pがそれぞれの頂点にあるような移動が何通りあるかについて、実際に頂点に数字を書き込みます。

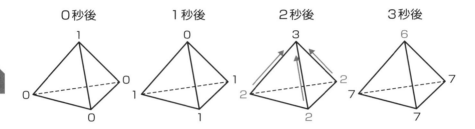

0秒後　　1秒後　　2秒後　　3秒後

そうすると、2秒後に頂点B、頂点C、頂点Dにある動き方の2通り、2通り、2通りを組み合わせることで、3秒後に頂点Aにあるという動き方について、2＋2＋2＝6通りという計算で表すことができます。

このように、見取り図を使いながら計算するとわかりやすいでしょう。

上に並べた4つの見取り図と、先ほど書いた表は、内容としてはまったく同じものになっています。
それぞれを照らし合わせて理解を深めておいてくださいね。

なるほど。場合の数の計算は、見取り図、表がわかりやすいのか

「色のぬり分け」問題の 考え方と解き方を身につけよう

算数の「ぬり分け」について知っておこう

　中学入試の社会では、地名や人名はすべて漢字で書かなくてはなりません。都道府県や県庁所在地も同様です。不安な人は練習しておいてくださいね。

　どうして社会の話をしたのかは、次の入試問題を解けばわかります。

例題15

下の図は中国地方の地図です。中国地方の5県を赤・青・黄・緑の4色を使ってぬり分けます。ただし、広島県は赤をぬることとし、同じ色がとなり合わないようにします。全ての色を使うぬり方は全部で何通りあるか答えなさい。

(広島なぎさ中)

　この問題のように、**「同じ色がとなり合わないように色をぬること」を算数では「ぬり分け」と言います。**中学入試では、さまざまなタイプの色のぬり分け問題が出題されます。

そもそも…
どっちが島根で、どっちが鳥取だっけ？

まず色分けできる組み合わせから考えてみよう

　考えやすいように、都道府県のつながりがわかりやすいシンプルな形

に変えてみましょう。広島県が鳥取県とも接していることに注意すると、次のように表すことができます。

広島県は他の4県すべてととなり合っているので、広島県で使った赤は他の県では使えません。そうすると、｛山口県, 島根県, 鳥取県, 岡山県｝の4県を、｛青, 黄, 緑｝の3色でぬり分けることになります。

4県を3色でぬり分けるには、どこか2県を同じ色でぬる必要があります。となり合う2つの県は同じ色は使えないことから、そのような2つの県の組み合わせは、数がかなり限られそうですね。
樹形図を使って書き出してみましょう。

同じ色でぬることができる県の組み合わせが3パターンあることがわかったので、3つに場合分けして考えていきます。

◤ 表を使って、もれなく場合の数を確認する

同じ色でぬられている場所に同じ記号を書き込むと、次の3パターンになります。

（ⅰ）山口県と鳥取県が同じ色　　（ⅱ）山口県と岡山県が同じ色　　（ⅲ）島根県と岡山県が同じ色

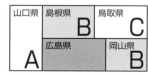

まだ、Ａ、Ｂ、Ｃのそれぞれを何色にするかは決めていません。あくまでも、同じ記号を書き込んだ場所には同じ色をぬることだけが決まっていると考えてください。

　図のように、実際に記号を書き込んでおくと考えやすいですね。
　問題によっては、図をいくつも描くのは大変なので、次のように表でまとめるのもよいでしょう。

	広島県	山口県	島根県	鳥取県	岡山県
（ⅰ）	赤	Ａ	Ｂ	Ａ	Ｃ
（ⅱ）	赤	Ａ	Ｂ	Ｃ	Ａ
（ⅲ）	赤	Ａ	Ｂ	Ｃ	Ｂ

　山口県を「Ａ」でぬると、島根県では「Ａ」を使えませんから「Ｂ」でぬります。次に、鳥取県をぬる時は「Ｂ」を使えませんが、「Ａ」は使えるので、「Ａ」か「Ｃ」でぬればよいですね。

　このように順序立てて考えることができれば、うっかり数え忘れるミスを防ぐことができます。やみくもに探すのではなく、すべてを網羅できる手順で数えることが大切です。

　では、実際に色を決めていきましょう。パターン（ⅰ）の {Ａ，Ｂ，Ｃ} に {青，黄，緑} を流し込んでいきます。

　Ａで使える色は青、黄、緑の３通り。次にＢで使える色はＡで使わなかった２通り。最後に、Ｃで使える色はＡ、Ｂで使わなかった１通り。
　よって、３×２×１＝６通りであることがわかります。

これは、パターン（ⅱ）でも、パターン（ⅲ）でも同じように考えることができるので、求める答えは 6 × 3 ＝ **18通り** となります。

条件と違うものが計算に入らないように注意しよう

　ここで、1つ注意してほしいことがあります。

　次のような考え方で、ぬり分けの問題を解くと、間違った答えになってしまうので注意しましょう。

①→②→③→④の順で色をぬる

　山口県、島根県、鳥取県、岡山県の順に、{青, 黄, 緑}の3色をぬることを考えます。

　山口県で使える色は3通り。島根県で使える色は、山口県で使わなかった2通り。鳥取県で使える色は、島根県で使わなかった2通り。最後に、岡山県で使える色は鳥取県で使わなかった2通り。

　よって、3 × 2 × 2 × 2 ＝ 24通りとなります。

あれ、18通りにならない！

　問題によっては、ぬる順番を工夫することで、かけ算だけで答えを求められる場合もあります。一方で、どんな順番でぬっても、かけ算だけでは答えを求められない問題もあります。

　今回の問題も、かけ算だけで答えを求めることはできません。

　先ほどの24通りになる計算のどこに誤りがあったかは、問題文を丁寧に読めばわかるかもしれません。この計算の中には、条件に合った「すべての色を使うぬり方」ではないものを含んでしまっているため、18

通りより多くなってしまいました。

　次のようなぬり方は、問題文に反するぬり分けですが、先ほどの24通りには含まれています。

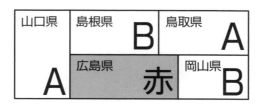

　このような３色のみを使ったぬり方は、ＡとＢで使う色を{青, 黄, 緑}から選ぶことで、３×２＝６通りあることがわかります。

　ですから、本来の18通りよりも６通り多い、24通りになっていたことが確認できましたね。

ぬり分けの指定がまったくない場合

　ちなみに、「広島県は赤をぬる」という指定がなかったとしたら、全部で何通りになるかわかりますか？

　まず、「広島県を黄でぬるとどうなるか」を考えてみてください。残った４つの県を残った３つの色でぬり分ける、という状況は変わりません。

　広島県を黄でぬった場合も、赤でぬった時と同じように18通りになります。

　これは、広島県を青でぬっても、緑でぬっても同じことです。これらをふまえると、18×４＝72通りとなります。

立体のぬり分けについて考えてみよう

　次に、立体図形にも色をぬってみましょう。

例題16

図のように、同じ大きさの正三角形を4つ組み合わせてできた立体
があります。

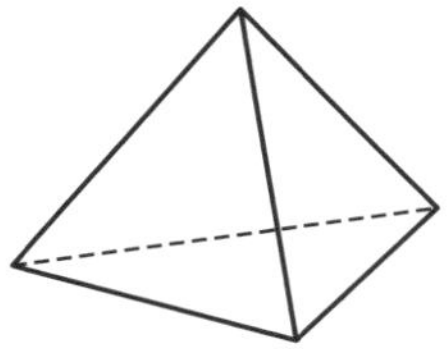

この立体の各面を赤・青・黄・緑の4色を使ってぬり分ける方法は
何通りありますか？ ただし、回転させて重なるものは同じぬり方
とします。

4つの場所を4つの色でぬるからと言って、4×3×2×1＝24通
りとすることはできません。この計算では、回転させて重なるものがた
くさん含まれてしまいます。

◤回転できないように固定して計算する

この問題のように、**対称性のある図形に「回転してほしくない」時に
は、どこかを固定して回転できないようにする**ことが大切です。

たとえば、床につく面を「赤」と決めてしまえば立体的な転がりを防
ぐことができます。この立体にどのように色をぬっても「赤」が床につ
くように置くことができるので、あらかじめ決めても問題ありません。

このような状況を、難しい言葉で「一般性を失わない」と言います。
この問題では、床につく面を「赤」と決めても、一般性を失いません。

床につく面を「赤」でぬったうえで、他の面の色をどうぬるか考えま
しょう。考えやすいように、真上から見た図を描いておきます。

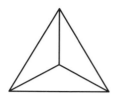

真上から見た図（下の面は赤）

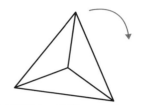

下の面が赤の状態でも回転できる

　上から見える3つの面に、黄・青・緑をぬりたいところですが、床につく面を「赤」と決めても、まだ回転することができます。

　回転を防ぐために、手前の面を「黄」と決めましょう。これで完全に固定することができましたね。

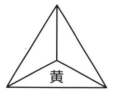

真上から見た図（下の面は赤、手前の面は黄）

手前を黄と決めたので回転できない

　残った左右2つの面に、青・緑をぬれば完成です。左に使える色は2通り、右に使える色は左で使わなかった1通りなので、2×1＝**2通り**と求めることができます。

　これが、この立体を4色でぬり分ける方法になります。

シンプルでわかりやすい！

回転させて重複するものから計算する方法

　また、次のように求めることもできます。

　4×3×2×1＝24通りでぬった時に、回転させて重なるものがいくつあるかを考えます。色をぬった立体を、机の上の決まった場所に置いてみましょう。置き方が何通りあるかわかれば、重なるものがいくつあるかわかります。

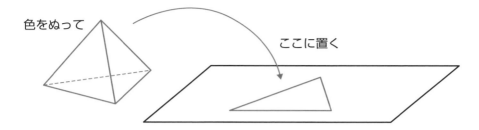

色をぬって

ここに置く

　まず、どの色の面が机につくように置くかは4通りあります。加えて、どの色の面が手前になるように置くかは3通りです。つまり、置き方は全部で4×3＝12通りあります。

　回転することで12通りずつ重なることがわかったので、最初に求めた24通りを12で割ることで、24÷12＝**2通り**と答えを求められます。

　このように、まずすべてを並べたうえで、重複するものから割り算するという考え方は、5章で「組み合わせ」を学んだ時に登場しましたね。

　このような考え方をきちんと理解していると、他の問題にも応用することができるのです。

他の章で学んだ考え方が
役立つこともあるんだね

6章のまとめ

点の移動の問題の場合

- 1つ前の状況を考えて樹形図を書く
- 表に何通りかまとめていく方法もある
- 見取り図の中に、何通りか数字を書き込んでおく

色の「ぬり分け」の問題の場合

- 「ぬり分け」には、となり同士は異なる色でなければならない、というルールがある
- 一部が同じ色になる時は、同じ色でぬれる場所を考える

対称性のある図形をぬり分ける問題の場合

- 一部を固定して回転できないようにする
- 組み合わせと同様に、まず並べ方を考えて、回転して重なるものを割っていくという手順でも求められる

\動画で解説/

入試問題に挑戦 11

三角すいABCDの頂点Aに点Pがあり、点Pは1秒ごとに他の頂点に移動します。たとえば、2秒後に点Pが頂点Aにある移動の仕方は全部で3通りです。次の問いに答えなさい。

（1）3秒後に点Pが頂点Aにある移動の仕方は全部で何通りありますか。

（2）4秒後に点Pが頂点Aにある移動の仕方は全部で何通りありますか。

（3）5秒後に点Pが頂点Aにある移動の仕方は全部で何通りありますか。

（4）9秒後に点Pが頂点Aにある移動の仕方のうち、3秒後に頂点Bにあり、6秒後に頂点Aにある移動の仕方は全部で何通りありますか。

(早稲田中)

6 場合の数②図形上の「点の移動」や「色のぬり分け」の解き方を覚える

（1）の答えは、ここまでの授業の中にありますよ。
（3）までは自力でチャレンジしてみましょう

126

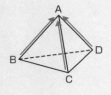

解説

はじめに、点Pが3秒後に頂点Aに移動する仕方
を求めるには、2秒後に頂点B、C、Dにある移動
の仕方を合計すればよいとわかります。

このことに注意しながら、0秒後から5秒後まで、
点Pが各頂点に移動する仕方を三角すいABCD
の頂点に書き込むと、次のようになります。

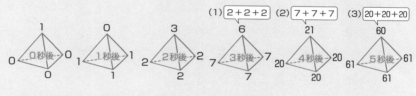

（1）6通り　　（2）21通り　　（3）60通り

（4）まず、3秒ごと3回の移動に分けて考えます。

①点Pが、頂点Aを出発して3秒後に頂点Bに移動する仕方は、（1）
より7通りとわかっています。

②点Pが、頂点Bを出発して3秒後に頂点Aに移動する仕方は、①
と逆の移動をする7通りになります。

③点Pが、頂点Aを出発して3秒後に頂点Aに移動する仕方は、（1）
より6通りです。

よって、①、②、③を組み合わせることで、条件を満たしたすべての
組み合わせが求められるため、答えは、7×7×6＝294通りにな
ります。

入試問題に挑戦 12

図1、図2の立体のすべての面に1色ずつ選んで色をぬるとき、次の各問いに答えなさい。

ただし、立体のすべての面は形の異なる面で、どのとなり合う面も同じ色でぬってはいけないものとします。

6

場合の数②図形上の「点の移動」や「色のぬり分け」の解き方を覚える

（1）図1の立体の5つの面を赤、青、黄、緑の4色すべてを使ってぬる方法は何通りありますか。

（2）図2の立体の6つの面を赤、青、黄の3色すべてを使ってぬる方法は何通りありますか。

（3）図2の立体の6つの面を赤、青、黄、緑の4色すべてを使ってぬる方法は何通りありますか。

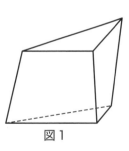

図1

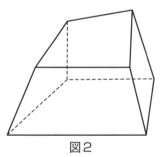

図2

（巣鴨中）

立体に対称性がないので、
回転して重なる心配はありませんね

（1）下の図のように、図1の立体を上から見たような図を描き、底面以外の4面を①②③④、底面を⑤とします。

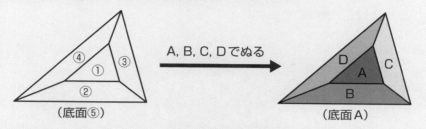

（底面⑤）　A, B, C, Dでぬる　（底面A）

4色でぬり分けるには、①と⑤を同じ色でぬる必要があります。たとえば、①をA、②をB、③をC、④をDという色でぬると、⑤は①と同じAでぬることになります。

A、B、C、Dにおいて、赤、青、黄、緑の並べ替えを考えると、

$4 \times 3 \times 2 \times 1 = \underline{24通り}$ と求めることができます。

（2）下の図のように、図2の立体を上から見たような図を描き、底面以外の5面を①②③④⑤、底面を⑥とします。

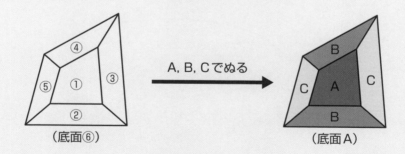

（底面⑥）　A, B, Cでぬる　（底面A）

3色でぬるには、①と⑥、②と④、③と⑤をそれぞれ同じ色でぬる必要があります。たとえば、①をA、②をB、③をCという色でぬると、④は②と同じB、⑤は③と同じC、⑥は①と同じAでぬることになります。

A、B、Cにおいて、赤、青、黄の並べ替えを考えると、
　3×2×1＝6通りと求めることができます。

（3）（2）と同様に考えます。

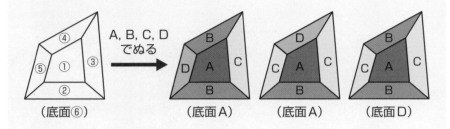

4色でぬるには、①と⑥、②と④、③と⑤の3組の中から2組を同じ
色でぬる必要があります。3組から2組を選ぶ方法は3通りです。
たとえば、①をA、②をB、③をCという色でぬると、上の図のよう
な3通りあることがわかります。
A、B、C、Dにおいて、赤、青、黄、緑の並べ替えを考えると、
　（4×3×2×1）×3＝72通りと求めることができます。

今回は難しかったでしょうか？
「場合の数」はこれでおしまいです。
しっかり復習して身につけてくださいね

第 7 章

分数①
身近にある
「分数」を理解する

先生はウーバーイーツを使いますか？

 そうですね。最近は自宅で食べることも増えたので、宅配サービスを使うことはありますね。昔は、宅配と言えばピザかお寿司という感じでしたが、最近はいろいろなものを選べるようになりましたよね。

 うちでも最近、ピザを注文しました。だいたい $\frac{1}{8}$ に切り分けて、ぼくは2枚食べたから全体の $\frac{1}{4}$ を食べたことになるのかな。

 まなぶ君、いいですね。ピザを食べる時に分数を使うと、感覚が養われます。分数で一番やってはいけないのは、$\frac{1}{2} + \frac{2}{3} = \frac{3}{5}$ というような間違いです。これを避けるために、通分を徹底するのですが、そもそも「正しい感覚」があれば、このような間違いは起こりません。

 「出てきた数字を、とりあえず足したり引いたりするのは最悪だ」と、よく先生は言っていますよね。

 分数は九九のように暗唱して覚えられるものではないですから、「感覚」として理解することが重要になります。ピザを頼んだら、「あなたは2枚食べる？」ではなく、「あなたは $\frac{2}{8}$ 枚食べる？」と言ってもいいかもしれませんね。

先ほど2枚食べたから $\frac{1}{4}$ と言っていましたが、$\frac{2}{8}$ が $\frac{1}{4}$ と同じであることをまなぶ君はよく理解できていますね。

そんなにほめられると、はずかしいな。当たり前だと思っていたしなぁ…。

 私はドライブが趣味ですが、目的地までの距離が書いてある道路案内標識を見たら、「だいたい $\frac{2}{3}$ は走ったな」「残り $\frac{1}{3}$ か」というように考えるようにしています。

 へぇ～！ じゃあ先生、今日は分数の勉強ですね。ぼくは結構得意かも。通分も約分もできます！

 確かに、ただ暗記しているだけではなく、分数の感覚を持っているところは期待できそうです。でも、なかなか難しい問題が出てきますよ。がんばりましょう！

分数から小数に変換できるようになろう

「真分数」と「仮分数」

7章からは、分数について学んでいきましょう。

$$\frac{分子}{分母}$$

まずは、分数に関する言葉を確認しておきましょう。

分子が分母よりも小さい分数を「真分数」、**分子が分母と同じか、分子が分母より大きい分数を「仮分数」**と言います。また、**分子が1の分数は単位分数**と言います。

┌─ 真分数 ─┐
$$\frac{1}{2}, \frac{2}{5}, \frac{13}{24}$$

┌─ 仮分数 ─┐
$$\frac{7}{3}, \frac{23}{8}, \frac{21}{11}$$

単位分数

「約分」と「既約分数」

分数は、分母と分子に同じ数をかけたり、分母と分子を同じ数で割ったりしても大きさが変わりません。分母と分子を同じ数で割って簡単な数で表すことを「**約分**」と言います。

また、これ以上約分できない分数を「**既約分数**」と言います。

いきなり覚える用語が増えたなぁ…

割り切れる分数と割り切れない分数

分数は、$\dfrac{B}{A} = B \div A$ というように割り算の形で表すことができます。
「$\dfrac{1}{2} = 1 \div 2 = 0.5$」、「$\dfrac{13}{16} = 13 \div 16 = 0.8125$」
というように割り切ることのできる分数と、
「$\dfrac{1}{3} = 1 \div 3 = 0.333\cdots$」、「$\dfrac{25}{37} = 0.675675\cdots$」
というように割り切ることができない分数があります。

では、次の問題を考えてみましょう。

例題17

Aを2以上の整数とします。
$\dfrac{1}{A}$ を小数で表すと、小数第3位までに割り切ることができます。A
にあてはまる数は全部で何個ありますか。

手始めに、10個くらい試してみましょう。Aが2から11までについ
て計算してみます。

A＝2の時、$\dfrac{1}{2} = 1 \div 2 = 0.5$

A＝3の時、$\dfrac{1}{3} = 1 \div 3 = 0.333333333333\cdots$

A＝4の時、$\dfrac{1}{4} = 1 \div 4 = 0.25$

A＝5の時、$\dfrac{1}{5} = 1 \div 5 = 0.2$

A＝6の時、$\dfrac{1}{6} = 1 \div 6 = 0.166666666666\cdots$

A＝7の時、$\dfrac{1}{7} = 1 \div 7 = 0.142857142857\cdots$

$$A = 8\,の時、\frac{1}{8} = 1 \div 8 = 0.125$$

$$A = 9\,の時、\frac{1}{9} = 1 \div 9 = 0.111111111111\cdots$$

$$A = 10\,の時、\frac{1}{10} = 1 \div 10 = 0.1$$

$$A = 11\,の時、\frac{1}{11} = 1 \div 11 = 0.090909090909\cdots$$

$\dfrac{1}{2}, \dfrac{1}{4}, \dfrac{1}{5}, \dfrac{1}{8}, \dfrac{1}{10}$ は小数第3位までに割り切ることができました。

とくに、$\dfrac{1}{8}$ は0.125とちょうど小数第3位で割り切れましたね。

あ〜、もう
計算したくない！

約数を使って計算してみよう

商を整数にするために、式の両辺を1000倍してみましょう。

$1 \div 2 = 0.5$	→	$1000 \div 2 = 500$
$1 \div 4 = 0.25$	→	$1000 \div 4 = 250$
$1 \div 5 = 0.2$	→	$1000 \div 5 = 200$
$1 \div 8 = 0.125$	→	$1000 \div 8 = 125$
$1 \div 10 = 0.1$	→	$1000 \div 10 = 100$

Aがどんな数なら割り切れるか、わかりましたか？

小数第3位までに割り切るためには、Aが1000を割り切れる数であればいいのです。「1000を割り切ることのできる数」のことを「1000の約数」と言いましたね。

では、1000の約数を書き出してみましょう。

約数は、かけ算の形で2つずつ書き出すと効率よく見つけられます。

1	×	1000
2	×	500
4	×	250
5	×	200
8	×	125
10	×	100
20	×	50
25	×	40

1000の約数は全部で16個あります。ということは、Aにあてはまるのは「1」を除いた2以上の整数**15個**ですね。

15個の分数を小数で表すと、次のようになります。

$\frac{1}{2}$	$\frac{1}{4}$	$\frac{1}{5}$	$\frac{1}{8}$	$\frac{1}{10}$	$\frac{1}{20}$	$\frac{1}{25}$
0.5	0.25	0.2	0.125	0.1	0.05	0.04

$\frac{1}{40}$	$\frac{1}{50}$	$\frac{1}{100}$	$\frac{1}{125}$	$\frac{1}{200}$	$\frac{1}{250}$	$\frac{1}{500}$	$\frac{1}{1000}$
0.025	0.02	0.01	0.008	0.005	0.004	0.002	0.001

これらの小数第3位までに割り切れる単位分数については、小数から分数へ、分数から小数へとすぐに直せるといいですね。

よく使う分数は、小数から分数にも直せるようにしよう

　大事な分数について、単位分数ではないものも含めてまとめておきます。次の表にあるものは覚えておき、小数を見てもすぐに分数に変換できるようになってください。

分数	$\frac{1}{2}$	$\frac{1}{4}$	$\frac{3}{4}$	$\frac{1}{5}$	$\frac{2}{5}$
小数	0.5	0.25	0.75	0.2	0.4

分数	$\frac{3}{5}$	$\frac{4}{5}$	$\frac{1}{8}$	$\frac{3}{8}$	$\frac{5}{8}$	$\frac{7}{8}$
小数	0.6	0.8	0.125	0.375	0.625	0.875

「よく使う分数はすぐに小数から直せるように覚えておく」とメモメモ

小数から分数へも変換してみよう

小数を分数に直してみよう

小数を分数に直すのは簡単です。

たとえば、「0.125」という小数は、0.1が1個、0.01が2個、0.001が5個集まった数です。「0.001が125個集まった数」とも言えますね。

$0.001 = \dfrac{1}{1000}$ なので、$0.125 = \dfrac{125}{1000}$ と分数にすることができます。これを約分すると、$\dfrac{1}{8}$ になりますね。

0.4であれば、$\dfrac{4}{10}$ を約分して $\dfrac{2}{5}$、

0.25であれば $\dfrac{25}{100}$ を約分して $\dfrac{1}{4}$、

0.375であれば $\dfrac{375}{1000}$ を約分して $\dfrac{3}{8}$、

というように小数から分数へと形を変えることができます。

とくに、0.25や0.125という小数は、入試問題によく登場します。そのたびに $\dfrac{25}{100}$ や $\dfrac{125}{1000}$ と書いて約分するようなことはせず、瞬時に $\dfrac{1}{4}$ や $\dfrac{1}{8}$ に頭の中で変換できるようになりましょう。

ある桁から同じ数列が繰り返される「循環小数」

▶ **分数で表せる数「有理数」と、分数で表せない数「無理数」**‥‥‥‥

ここで、「数」について、整理しておきましょう。

数はまず、「実数」と「虚数」に分かれます。実数や虚数という言葉は知らなくてもよいですが、普段の生活で使うような「普通」の数はすべて実数です。実数の中で、整数A、Bを用いて $\frac{B}{A}$ という形で表せる数を「有理数」、表せない数を「無理数」と言います。

数 — 実数 — 有理数…分数の形で表せる
　　　　　　 無理数…分数の形で表せない
　　　 虚数

小学校の算数で扱う数は、ほとんどが有理数ですが、円周率は無理数です。

ふ～ん、円周率は無理数なのか

円周の長さを直径の長さで割ったものを、円周率と言います。「3.14159265358979…」とどこまでも続く小数で表され、計算する場合は、「3.14」とすることが一般的です。

入試問題では、円周率に近い分数として、$\frac{22}{7}$ が用いられることがありますが、円周率は何か特定の分数を小数に直したものではありません。

ある桁から特定の数列が繰り返される「循環小数」

分数を小数で表して割り切れない時は、必ずある位から特定の数列が繰り返されるようになります。たとえば、$\frac{1}{3}$ を小数で表すと「0.333…」と 3 が繰り返される形になります。

このように、ある数列が繰り返される小数のことを「循環小数」と言います。

循環小数を分数で表してみよう

次の問題を見てください。

例題18

既約分数 $\frac{B}{A}$ を小数で表すと、0.123123123…となりました。

この時、$\frac{B}{A}$ を求めなさい。

この問題では小数第 1 位から $\{1, 2, 3\}$ の 3 つの数が繰り返される形になっています。このような時には、3 桁ずらすために、1000倍した数で表してみましょう。

$$123.123123\cdots = \frac{B}{A} \times 1000$$

$$0.123123123\cdots = \frac{B}{A} \times 1$$

これら 2 つの数の差に注目すると、小数点以下の繰り返しをきれいに消すことができるのです。1000倍したものから、もとの 1 倍の0.123123123…を引くと、$\frac{B}{A}$ を999倍したものが残ることになります。

$$123 = \frac{B}{A} \times 999$$

よって、求める分数は、$\frac{B}{A} = \frac{123}{999} = \underline{\mathbf{\frac{41}{333}}}$ となります。

代表的な循環小数「$\frac{1}{9}$, $\frac{1}{99}$, $\frac{1}{999}$」を覚えておこう

循環小数の代表的なものとして、次の3つを覚えておきましょう。

$$\frac{1}{9} = 1 \div 9 = 0.1111\cdots$$

$$\frac{1}{99} = 1 \div 99 = 0.01010101\cdots$$

$$\frac{1}{999} = 1 \div 999 = 0.001001001001001\cdots$$

「代表的な循環小数も
覚えておく」とメモメモ

たとえば、先ほどの$\frac{123}{999}$は、$\frac{1}{999}$を123倍したものなので、小数点以下で{1, 2, 3}が繰り返されていくと考えることもできます。先ほど説明した1000倍したものから、1倍したものを引き算することが理解できれば、桁数を増やして、$\frac{1}{9999}$や$\frac{1}{99999}$についても同じことが言えるとわかります。

このように考えると、どんな循環小数でも分数に直すことができますね。このことから、「循環する小数」は有理数で、「循環しない小数」は無理数だと言うこともできます。

分数を小数に直して、同じ数が循環する周期を確認してみよう

ところで、「どこまで割っても周期が見つからない分数があるのでは？」と思う人もいるのではないでしょうか。

試しに、$\frac{1}{13}$を小数にして、確認してみましょう。

右のように、小数第6位まで計算すると、{0, 7, 6, 9, 2, 3}が繰り返されるこ

```
        0.076923
13 ) 1.000000
     00
     ───          ←10÷13＝0あまり10
     100
      91          ←100÷13＝7あまり9
     ───
      90
      78          ←90÷13＝6あまり12
     ───
     120
     117          ←120÷13＝9あまり3
     ───
      30
      26          ←30÷13＝2あまり4
     ───
      40
      39          ←40÷13＝3あまり1
     ───
       1
```

とがわかります。あまりが「1」になったことで、最初の割り算に戻るからです。

　ここで、13で割った時のあまりとして考えられる数は、1から12までの12通りしかありません。今回のあまりは｛10, 9, 12, 3, 4, 1｝の6個が繰り返すことになりましたが、一度もあまりが重複しなければ12個ですべてのあまりが出そろいます。ということは、最大でも12回の割り算で必ず周期が見つかることになりますね。

　実際に計算していて、周期が見つからずに小数第13位までいってしまった場合は、計算間違いをしている可能性が高そうです。

◆ 同じ分母で、分子が変わると、小数の循環はどうなる？

　分母が13の分数について、$\frac{1}{13}$ から $\frac{12}{13}$ までを小数で表すと、どんな数が繰り返されるか見てみましょう。実際に、自分で計算してから次のページを読むと、より理解が深まります。ぜひ、計算してみてください。

　実際に計算すると、次のようにそれぞれ6個の数が繰り返される形になります。これらの小数は、2つのグループに分けることができます。

次のページで計算結果を見てみましょうね

$\dfrac{1}{13} = 0.076923\ 076923\cdots$	$\dfrac{7}{13} = 0.538461\ 538461\cdots$
$\dfrac{2}{13} = 0.153846\ 153846\cdots$	$\dfrac{8}{13} = 0.615384\ 615384\cdots$
$\dfrac{3}{13} = 0.230769\ 230769\cdots$	$\dfrac{9}{13} = 0.692307\ 692307\cdots$
$\dfrac{4}{13} = 0.307692\ 307692\cdots$	$\dfrac{10}{13} = 0.769230\ 769230\cdots$
$\dfrac{5}{13} = 0.384615\ 384615\cdots$	$\dfrac{11}{13} = 0.846153\ 846153\cdots$
$\dfrac{6}{13} = 0.461538\ 461538\cdots$	$\dfrac{12}{13} = 0.923076\ 923076\cdots$

さて、どんなグループに分かれるかわかりましたか？

繰り返す数字に注目すると、

$\dfrac{1}{13}, \dfrac{3}{13}, \dfrac{4}{13}, \dfrac{9}{13}, \dfrac{10}{13}, \dfrac{12}{13}$のグループと、

$\dfrac{2}{13}, \dfrac{5}{13}, \dfrac{6}{13}, \dfrac{7}{13}, \dfrac{8}{13}, \dfrac{11}{13}$のグループに分けられることがわかります。

◆ **同じ数列が循環しているのを確認しよう** ┄┄┄┄┄┄┄┄┄┄┄┄

例として、$\dfrac{1}{13}$と$\dfrac{9}{13}$を比べてみましょう。

$\dfrac{1}{13} = 0.076923\ 076923\cdots$

$\dfrac{9}{13} = 0.692307\ 692307\cdots$

位が2つずれた形で、同じ6つの数が繰り返されています。

$\dfrac{1}{13}$を筆算で小数にした時、それぞれの割り算のあまりは10, 9, 12, 3, 4, 1となっていました。

これらの数を分子にした$\dfrac{10}{13}, \dfrac{9}{13}, \dfrac{12}{13}, \dfrac{3}{13}, \dfrac{4}{13}, \dfrac{1}{13}$のグループが、同じ6つの数が循環する形になるわけです。

計算でも確認してみましょう。

$\frac{1}{13}$ と $\frac{1}{13}$ を100倍した $\frac{100}{13}$ を比べてみます。
100倍すると、小数点が右へ2つずれますね。

どういうこと
ですか？

$\frac{1}{13} = 0.076923\,076923\cdots$

$\frac{100}{13} = 7.692307\,692307\cdots$

この時、$\frac{100}{13}$ は $7\frac{9}{13}$ なので両辺から7を引くと、

$7\frac{9}{13} = 7.692307\,692307\cdots$

$\frac{9}{13} = 0.692307\,692307\cdots$

となることが、確認できました。

このことから、$\frac{9}{13}$ を小数に直した数が、$\frac{1}{13}$ を小数に直した時と同じ6
つの数が循環することが確認できますね。

なるほど！

7章のまとめ

- 次の表の「小数⇔分数」の変換はすぐにできるようにしておこう

分数	$\frac{1}{2}$	$\frac{1}{4}$	$\frac{3}{4}$	$\frac{1}{5}$	$\frac{2}{5}$
小数	0.5	0.25	0.75	0.2	0.4

分数	$\frac{3}{5}$	$\frac{4}{5}$	$\frac{1}{8}$	$\frac{3}{8}$	$\frac{5}{8}$	$\frac{7}{8}$
小数	0.6	0.8	0.125	0.375	0.625	0.875

- 分数を小数で表す時、割り切れない場合はある数列の繰り返しが表れる。このような小数のことを「循環小数」と言う

$$\frac{1}{9} = 1 \div 9 = 0.1111\cdots$$

$$\frac{1}{99} = 1 \div 99 = 0.01010101\cdots$$

$$\frac{1}{999} = 1 \div 999 = 0.001001001001001\cdots$$

- たとえば、$\frac{123}{999}$ は $\frac{1}{999}$ を123倍したものなので、

$$\frac{123}{999} = 0.123123123123123\cdots$$ となることがわかる

入試問題に挑戦 13

$\dfrac{170201}{999}$ を小数で表したとき、小数第8位の数字は何ですか。

（早稲田中）

分母が999なので、
簡単に答えることが
できそうですね

解説

$170201 \div 999 = 170$ あまり 371 ということから、

$\dfrac{170201}{999} = 170\dfrac{371}{999}$ となることが計算できます。

ここで、「$\dfrac{1}{999} = 0.001001001\cdots$」であることから、

$\dfrac{371}{999} = 0.371371371\cdots$ となります。

これにより、$\{3,7,1\}$ を小数第 1 位から繰り返す「循環小数」であることがわかります。

よって、小数第 8 位は、<u>7</u> と求めることができます。

「$\dfrac{1}{9} = 1 \div 9 = 0.111\cdots$

$\dfrac{1}{99} = 1 \div 99 = 0.010101\cdots$

$\dfrac{1}{999} = 1 \div 999 = 0.001001001\cdots$」

は覚えておきましょうね

$\dfrac{1}{43}$ を小数で表すと、$\dfrac{1}{43}=0.023255813953488372093022\cdots$ となり、
21桁ごとに同じ数字をくり返す小数になります。そして、$\dfrac{1}{43}$, $\dfrac{2}{43}$, …,
$\dfrac{42}{43}$ はどれも、21桁ごとに同じ数字をくり返す小数になります。

次の ① 　　　、 ② 　　　 に、1 以上42以下の整数を入れなさい。

$\dfrac{①\boxed{}}{43}$ を小数で表すと、小数第12位が8、小数第13位が3になり
ます。

$\dfrac{②\boxed{}}{43}$ を小数で表すと、小数第12位が3、小数第13位が9になり
ます。

(灘中)

21桁の繰り返しの
「桁をずらす」ことを
考えましょう

解説

（1）$\frac{1}{43}$ は小数第15位が8、小数第16位が3。小数点以下21桁の繰り返しを左へ3つずらすと題意を満たすことができます。

$$\frac{1}{43} = 0.\,0\ 2\ 3\ 2\ 5\ 5\ 8\ 1\ 3\ 9\ 5\ 3\ 4\ 8\ 8\ 3\ 7\ 2\ 0\ 9\ 3\quad 0\ 2$$

左に3つずらす

$$\frac{①}{43} = 0.\,2\ 5\ 5\ 8\ 1\ 3\ 9\ 5\ 3\ 4\ 8\ 8\ 3\ 7\ 2\ 0\ 9\ 3\ 0\ 2\ 3\quad 2\ 5$$

$\frac{1}{43}=0.023255813953488372093\ 02\cdots$

$\frac{①}{43}=0.255813953488372093023\ 25\cdots$

$\frac{①}{43}$ が $\frac{1}{43}$ を何倍したものか考えます。3桁のおよその数で計算すると、

$\frac{①}{43}\div\frac{1}{43}=0.256\div0.0232=11.0\cdots$

よって、①が整数であることから、①＝<u>11</u>と求めることができます。

（2）$\frac{1}{43}$ は小数第9位が3、小数第10位が9。小数点以下の21桁の繰り返しを、右へ3つずらすと題意を満たすことができます。

$$\frac{1}{43} = 0.\,0\ 2\ 3\ 2\ 5\ 5\ 8\ 1\ 3\ 9\ 5\ 3\ 4\ 8\ 8\ 3\ 7\ 2\ 0\ 9\ 3\quad 0\ 2$$

循環で考えると（…0 9 3　0 2 3 2 5 5 8 1 3 9 5 3 4 8 8 3 7 2 0 9 3 …）

右に3つずらす

$$\frac{②}{43} = 0.\,0\ 9\ 3\ 0\ 2\ 3\ 2\ 5\ 5\ 8\ 1\ 3\ 9\ 5\ 3\ 4\ 8\ 8\ 3\ 7\ 2\quad 0\ 9$$

$\frac{1}{43}=0.023255813953488372093\ 02\cdots$

$\frac{②}{43}=0.093023255813953488372\ 09\cdots$

$\dfrac{②}{43}$ が $\dfrac{1}{43}$ を何倍したものか考えます。3桁のおよその数で計算すると、

$$\dfrac{②}{43} \div \dfrac{1}{43} = 0.0930 \div 0.0232 = 4.0\cdots$$

よって、②が整数であることから、②＝4 と求めることができます。

なかなか難しかったですが、
わかりましたか？
次章も分数です

分数②
「エジプト分数」と
「部分分数分解」で
計算の幅を広げよう

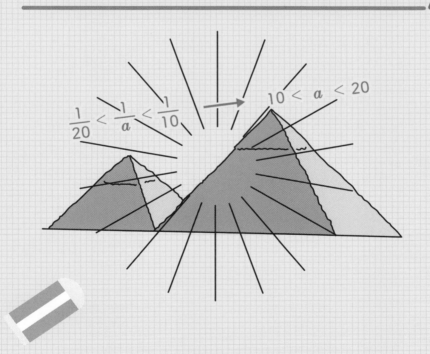

$\dfrac{1}{20} < \dfrac{1}{a} < \dfrac{1}{10}$ → $10 < a < 20$

4000年前の古代エジプトの知恵に学ぼう

第8章

ここに7枚の食パンがあります。これを10人で均等に分けようと思うのですが、どうしたらいいでしょうか？

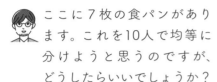

問題：
10人でどう分ける？

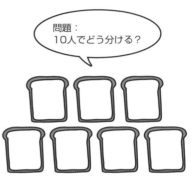

そんなの簡単ですよ。$\frac{7}{10}$ ずつ分ければいいですよね。

その通りです。でも、実際にパンを $\frac{7}{10}$ ずつ分けていくのは大変ですよ。まず1枚目から $\frac{7}{10}$ のパンを取ったら、残りは $\frac{3}{10}$ になります。そうすると $\frac{7}{10} - \frac{3}{10} = \frac{4}{10}$ を2枚目のパンから取って…。

本当だ。めんどくさい…。じゃあ、7枚のパンをすべて $\frac{1}{10}$ に切って、それを7つ渡したらどうですか？

いいですね。そのほうがラクだと思います。でも、受け取る側はどうでしょう。$\frac{1}{10}$ にうす〜くスライスされたパンを7枚もらってもね…。

確かに $\frac{1}{10}$ の食パンを想像すると、かなりうすっぺらそう…。
…う〜ん…。先生、どうしていいかわかりません。

昔の人は、この問題を解決する方法を思いついたのです。いったい、いつ頃のことだと思いますか？

えぇっと…2章に出てきたガウスが200年くらい前の人だった かな。もっと前の500年前くらいですか？

 ん〜。残念！ 正解は約4000年前です。

 よ、4000年!? え…？ ということはその頃の日本って…。

 縄文時代ですね。

 そうかぁ！ 縄文時代の人に負けちゃった！

 と言っても、日本ではなく、古代エジプトの人たちが考え出した そうです。$\frac{7}{10} = \frac{5}{10} + \frac{2}{10} = \frac{1}{2} + \frac{1}{5}$ という数式です。つまり、パン の半分$\left(\frac{1}{2}\right)$と$\frac{1}{5}$を、それぞれ分けていけばいいということです ね。

 すごい！ 天才！

 今日は、そんな古代エジプトの知恵に触れることができますよ。

 何だか楽しそう！

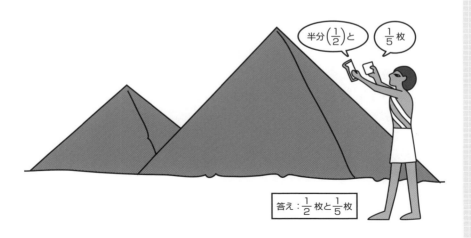

半分$\left(\frac{1}{2}\right)$と　$\frac{1}{5}$枚

答え：$\frac{1}{2}$枚と$\frac{1}{5}$枚

「エジプト分数」を知ろう

異なる単位分数の和で表す「エジプト分数」

　古代エジプトでは、分数を表す時に、「分母の異なる単位分数（分子が1の分数）の和」の形にして表していました。

　遠い遠い昔のことですが、パピルスという紙に文字を記録する技術があったので、現代でもその記録を通して、当時の計算の様子をうかがい知ることができます。

　たとえば、$\frac{2}{7}$ を表す時は、$\frac{1}{4} + \frac{1}{28}$ の形で表します。このように、単位分数の和で表すことで、食料や土地などの配分を行いやすいと考えていたようです。

> 逆にわかりづらいような…

　一般的に、**分数はいくつかの異なる単位分数の和で表すことができます。**また、**異なる単位分数の和で表されたものを、この考え方が生み出された古代エジプトにちなんで、「エジプト分数（エジプト式分数）」と呼びます。**

　エジプト分数は、中学入試の題材としてよく使われています。エジプト分数に限らず、整数を題材にした問題は難しく感じられることが多いのですが、がんばって取り組んでみてくださいね。

エジプト分数の組み合わせを考えよう

　まずは、次の問題を見てみましょう。

8
分数②「エジプト分数」と「部分分数分解」で計算の幅を広げよう

例題19

$\dfrac{1}{10} = \dfrac{1}{a} + \dfrac{1}{b}$ を満たす、整数の組 (a, b) をすべて答えなさい。ただし、a は b より小さい数とします。

　やみくもに探すと、すべてをもれなく見つけられたかどうかを確認することは難しいでしょう。ですから、何らかの作戦ですべてを網羅する必要があります。

　このような問題では、まずは範囲を絞って考えてみます。

　小さいほうの数 a に注目してみましょう。
分数は、分母の数が大きくなるほどその数が小さくなります。 $\dfrac{1}{a}$ が $\dfrac{1}{10}$ より小さいことから、a は10より大きい数であることがわかります。

　また、a は b より小さいことから、$\dfrac{1}{a}$ は $\dfrac{1}{b}$ より数が大きくなります。ということは、$\dfrac{1}{a}$ は $\dfrac{1}{10}$ の半分である $\dfrac{1}{20}$ より大きいことになり、a は20より小さいことがわかります。

$$\dfrac{1}{20} < \dfrac{1}{a} < \dfrac{1}{10} \quad \longrightarrow \quad 10 < a < 20$$

　これで、a の範囲を11から19までに絞ることができました。
　では、順番に調べてみましょう。

なんだか、がんばれそうな気がしてきた

$a = 11$ とすると、

$\dfrac{1}{10} = \dfrac{1}{11} + \dfrac{1}{b}$ であることから、

$\dfrac{1}{b} = \dfrac{1}{10} - \dfrac{1}{11} = \dfrac{1}{110}$ となります。

$(a, b) = (11, 110)$ という整数の組が見つかりましたね。

$a = 11$ の時のように、$\dfrac{1}{10}$ から $\dfrac{1}{a}$ を引き算した結果が単位分数になるものを探していきます。a が12から19までについても、同じように計算してみましょう。

$$\dfrac{1}{10} - \dfrac{1}{12} = \dfrac{1}{60} \qquad\qquad \dfrac{1}{10} - \dfrac{1}{13} = \dfrac{3}{130}$$

$$\dfrac{1}{10} - \dfrac{1}{14} = \dfrac{1}{35} \qquad\qquad \dfrac{1}{10} - \dfrac{1}{15} = \dfrac{1}{30}$$

$$\dfrac{1}{10} - \dfrac{1}{16} = \dfrac{3}{80} \qquad\qquad \dfrac{1}{10} - \dfrac{1}{17} = \dfrac{7}{170}$$

$$\dfrac{1}{10} - \dfrac{1}{18} = \dfrac{2}{45} \qquad\qquad \dfrac{1}{10} - \dfrac{1}{19} = \dfrac{9}{190}$$

引き算した結果が単位分数になるものが、新たに3つ見つかりましたね。これで、a と b の組み合わせとして考えられるものはすべて調べきったことになります。

よって、$(a, b) = (11, 110)$、$(12, 60)$、$(14, 35)$、$(15, 30)$ の4組が答えになります。

◆エジプト分数の組み合わせを機械的に書き出す方法

次の問題で、もう少しエジプト分数を練習してみましょう。

例題20

$\dfrac{1}{12} = \dfrac{1}{\triangle} + \dfrac{1}{\square}$ となる整数△と□の組をすべて求めなさい。ただし、□は△以上であるとします。

(開成中)

先の例題19と同じように、小さいほうの数の範囲を絞りましょう。

まず、□は△以上であることから、$\dfrac{1}{\square}$ は $\dfrac{1}{\triangle}$ と同じ数か、$\dfrac{1}{\triangle}$ より小さい

ことがわかります。

$\dfrac{1}{\triangle}$ は $\dfrac{1}{12}$ の半分である $\dfrac{1}{24}$ 以上になるので、△にあてはまる数は、13から24までであることがわかります。

$\dfrac{1}{13}, \dfrac{1}{14}, \dfrac{1}{15}, \cdots$ と順番に引き算を繰り返してもいいのですが、今回は少し工夫してみましょう。次のように、式を変えてみます。

$$\frac{1}{\square} = \frac{1}{12} - \frac{1}{\triangle}$$

$$= \frac{1 \times \triangle}{12 \times \triangle} - \frac{1 \times 12}{\triangle \times 12}$$

$$= \frac{\triangle - 12}{12 \times \triangle}$$

このように、式を変形することで、引き算したあとの計算結果を、機械的に書き出していくことができます。この時、分母の $12 \times \triangle$ については、計算しないことがポイントです。

え、計算しなくていいの??

△が13から24の場合についても、計算して書き出してみましょう。

△ = 13	△ = 14	△ = 15	△ = 16	△ = 17	△ = 18
$\dfrac{1}{12 \times 13}$	$\dfrac{2}{12 \times 14}$	$\dfrac{3}{12 \times 15}$	$\dfrac{4}{12 \times 16}$	$\dfrac{5}{12 \times 17}$	$\dfrac{6}{12 \times 18}$

△ = 19	△ = 20	△ = 21	△ = 22	△ = 23	△ = 24
$\dfrac{7}{12 \times 19}$	$\dfrac{8}{12 \times 20}$	$\dfrac{9}{12 \times 21}$	$\dfrac{10}{12 \times 22}$	$\dfrac{11}{12 \times 23}$	$\dfrac{12}{12 \times 24}$

ここで書き出した数を約分して、単位分数になれば、それが答えとなります。分母をかけ算してから約分できるか確認するよりも、かけ算の形で残しておいたほうがラクであることがわかりましたか？

なるほど〜、これはラクだな〜

単位分数になるものを計算すると、次のようになります。

△＝13	△＝14	△＝15	△＝16	△＝17	△＝18
$\dfrac{1}{156}$	$\dfrac{1}{84}$	$\dfrac{1}{60}$	$\dfrac{1}{48}$	×	$\dfrac{1}{36}$

△＝19	△＝20	△＝21	△＝22	△＝23	△＝24
×	$\dfrac{1}{30}$	$\dfrac{1}{28}$	×	×	$\dfrac{1}{24}$

よって、答えは $(△, □) = (13, 156)$、$(14, 84)$、$(15, 60)$、$(16, 48)$、$(18, 36)$、$(20, 30)$、$(21, 28)$、$(24, 24)$ となります。

エジプト分数の組み合わせを見つける方法（応用編）

ここでは、少し発展的な考え方も紹介しておきましょう。

例題20の $\dfrac{1}{△}$ と $\dfrac{1}{□}$ を△と□の最小公倍数で通分してから足し算し、約分すると $\dfrac{1}{12}$ になったと考えます。△と□の最小公倍数を△×A＝□×B（AとBは互いに素〈A、Bともに割り切れる正の整数が1のみ〉）とすると、次のようになります。

$$\frac{1}{△} = \frac{A}{△ \times A}$$

$$\frac{1}{□} = \frac{B}{□ \times B}$$

$\dfrac{A}{\triangle \times A} + \dfrac{B}{\triangle \times B}$ とすると、分子は「A＋B」となります。しかし、足し算の答えが「$\dfrac{1}{12}$」となるために、分子は約分されて「1」になるので、「A＋B」で約分することになります。

そうすると、分母は「A＋B」で約分して「12」になる数なので「12×(A＋B)」と表すことができます。

なんだか記号が
たくさんあって
難しい…

$$\dfrac{1}{\triangle} = \dfrac{A}{\triangle \times A} = \dfrac{A}{12 \times (A＋B)}$$

$$\dfrac{1}{\square} = \dfrac{B}{\square \times B} = \dfrac{B}{12 \times (A＋B)}$$

よって、$\dfrac{1}{\triangle} + \dfrac{1}{\square} = \dfrac{A＋B}{12 \times (A＋B)}$

ここで、**AとBが互いに素である時、AとBの和や差とも互いに素であるという性質があります。** たとえば9と16は互いに素ですが、和の25や差の7ともそれぞれ互いに素となります。

A、B、A＋Bがいずれも互いに素であることから、AやBは12と約分することで1になることがわかります。つまり、AもBも12の約数である必要がありますね。

12には「1, 2, 3, 4, 6, 12」の6個の約数があります。この中から互いに素な2つの数を選ぶと、A≧Bという条件から、(A, B) ＝ (1, 1)、(2, 1)、(3, 1)、(4, 1)、(6, 1)、(12, 1)、(3, 2)、(4, 3)の8個の組み合わせが考えられます。

なんだか、
すごい…

たとえば、(A, B) ＝ (2, 1)とすると、

$$\dfrac{1}{\triangle} = \dfrac{2}{12 \times (2＋1)} = \dfrac{1}{18}$$

$$\dfrac{1}{\square} = \dfrac{1}{12 \times (2＋1)} = \dfrac{1}{36}$$

となり、($\triangle$, $\square$) ＝ (18, 36)と求めることができます。

今回は、互いに素ではない約数の組み合わせを選ぶとどうなるか、ということも一緒に確認しておきましょう。

たとえば、(A, B) = (4, 2) とすると、

$$\frac{1}{\triangle} = \frac{4}{12 \times (4+2)} = \frac{1}{18}$$

$$\frac{1}{\square} = \frac{2}{12 \times (4+2)} = \frac{1}{36}$$

となり、(△, □) = (18, 36) と求めることができます。
(A, B) = (2, 1) の時と、同じ結果になりましたね。

では、8個の組み合わせをすべて計算していきましょう。

(1, 1)	$\frac{1}{12} = \frac{1}{12 \times (1+1)}$	$+ \frac{1}{12 \times (1+1)}$	$= \frac{1}{24} + \frac{1}{24}$
(2, 1)	$\frac{1}{12} = \frac{2}{12 \times (2+1)}$	$+ \frac{1}{12 \times (2+1)}$	$= \frac{1}{18} + \frac{1}{36}$
(3, 1)	$\frac{1}{12} = \frac{3}{12 \times (3+1)}$	$+ \frac{1}{12 \times (3+1)}$	$= \frac{1}{16} + \frac{1}{48}$
(4, 1)	$\frac{1}{12} = \frac{4}{12 \times (4+1)}$	$+ \frac{1}{12 \times (4+1)}$	$= \frac{1}{15} + \frac{1}{60}$
(6, 1)	$\frac{1}{12} = \frac{6}{12 \times (6+1)}$	$+ \frac{1}{12 \times (6+1)}$	$= \frac{1}{14} + \frac{1}{84}$
(12, 1)	$\frac{1}{12} = \frac{12}{12 \times (12+1)}$	$+ \frac{1}{12 \times (12+1)}$	$= \frac{1}{13} + \frac{1}{156}$
(3, 2)	$\frac{1}{12} = \frac{3}{12 \times (3+2)}$	$+ \frac{2}{12 \times (3+2)}$	$= \frac{1}{20} + \frac{1}{30}$
(4, 3)	$\frac{1}{12} = \frac{4}{12 \times (4+3)}$	$+ \frac{3}{12 \times (4+3)}$	$= \frac{1}{21} + \frac{1}{28}$

先ほど12回の引き算を繰り返して、やっと見つけた8個の組み合わせを、すべて見つけることができました。

計算の手間はあまり変わらないので、全部で何個あるかを確認するために使うとよいでしょう。個数を知りたいだけであれば、約数を書き出して互いに素の組み合わせをチェックするだけでわかりますよ。

8

分数②「エジプト分数」と「部分分数分解」で計算の幅を広げよう

「部分分数分解」で 分数をどんどん消してみよう

部分分数分解を使った計算をしてみよう

　分数の話の最後として、受験生なら確実に押さえておかなくてはいけない「部分分数分解」について話をします。

　次の問題を見てみましょう。

例題21

次の計算をしなさい。

$$\frac{1}{2} + \frac{1}{6} + \frac{1}{12} + \frac{1}{20} + \frac{1}{30} + \frac{1}{42}$$

　これらの分母は、ある規則にしたがって並んでいます。どんな規則があるかわかりますか？

　1×2＝2、2×3＝6、3×4＝12などのように、連続した2つの整数を順番にかけ算した数が並んでいます。この時、分子については、2－1＝1、3－2＝1、4－3＝1などのように、その2つの数の差になっていると言えます。

　分母がある2つの数の積（A×B）、分子がその2つの数の差（B－A）で表される時、次のように引き算の形に「分解」できます。 これは、高校の数学で勉強する「部分分数分解」の一例となりますが、中学入試や高校入試でも出題されることがあります。

$$\frac{B-A}{A \times B} = \frac{B}{A \times B} - \frac{A}{A \times B} = \frac{1}{A} - \frac{1}{B}$$

例題で与えられた分数を、それぞれ分解して
みましょう。

$$\frac{1}{2} = \frac{1}{1 \times 2} = \frac{2}{1 \times 2} - \frac{1}{1 \times 2} = \frac{1}{1} - \frac{1}{2}$$

$$\frac{1}{6} = \frac{1}{2 \times 3} = \frac{3}{2 \times 3} - \frac{2}{2 \times 3} = \frac{1}{2} - \frac{1}{3}$$

$$\frac{1}{12} = \frac{1}{3 \times 4} = \frac{4}{3 \times 4} - \frac{3}{3 \times 4} = \frac{1}{3} - \frac{1}{4}$$

$$\frac{1}{20} = \frac{1}{4 \times 5} = \frac{5}{4 \times 5} - \frac{4}{4 \times 5} = \frac{1}{4} - \frac{1}{5}$$

$$\frac{1}{30} = \frac{1}{5 \times 6} = \frac{6}{5 \times 6} - \frac{5}{5 \times 6} = \frac{1}{5} - \frac{1}{6}$$

$$\frac{1}{42} = \frac{1}{6 \times 7} = \frac{7}{6 \times 7} - \frac{6}{6 \times 7} = \frac{1}{6} - \frac{1}{7}$$

引き算の形に分解してから、順番に足していきます。この時、$\frac{1}{2}$を引いて$\frac{1}{2}$を足すと0になって消えてしまいますね。間の計算については、下のように次々と消していくことができます。

$$\frac{1}{2} + \frac{1}{6} + \frac{1}{12} + \frac{1}{20} + \frac{1}{30} + \frac{1}{42}$$
$$= \frac{1}{1} - \frac{1}{2} + \frac{1}{2} - \frac{1}{3} + \frac{1}{3} - \frac{1}{4} + \frac{1}{4} - \frac{1}{5} + \frac{1}{5} - \frac{1}{6} + \frac{1}{6} - \frac{1}{7}$$

そうすると、$\frac{1}{1} - \frac{1}{7}$だけが残るので、$\frac{6}{7}$と簡単に計算することができます。

8
分数②「エジプト分数」と「部分分数分解」で計算の幅を広げよう

8章のまとめ

- 分子が1の分数を「単位分数」と言う
- 分数を異なる単位分数の和で表したものを「エジプト分数」と呼ぶ

（例）$\dfrac{1}{4} = \dfrac{1}{5} + \dfrac{1}{20} = \dfrac{1}{6} + \dfrac{1}{12}$

- 分数を引き算の形に分解することで、計算を簡単にできることがある

（例）$\dfrac{1}{2 \times 3} + \dfrac{1}{3 \times 4} = \dfrac{1}{2} - \dfrac{1}{3} + \dfrac{1}{3} - \dfrac{1}{4} = \dfrac{1}{2} - \dfrac{1}{4} = \dfrac{1}{4}$

入試問題に挑戦 15

$\dfrac{1}{ア} + \dfrac{1}{イ} = \dfrac{1}{6}$ となる整数ア、イの組は、全部で何通りあるか答えなさい。

（普連土学園中）

実際にアとイを求めなくても、何通りかわかりますよ

8

分数②「エジプト分数」と「部分分数分解」で計算の幅を広げよう

6の約数は、「1，2，3，6」の4通りあります。

この中から互いに素な2つの数の組み合わせは、

　（1，1），（1，2），（1，3），（1，6），（2，3）

の5通りです。

アとイの大きさには順番がないので、

　（2，1），（3，1），（6，1），（3，2）

を別の組み合わせとして数えます。

よって、整数アとイの組は、<u>9通り</u>と求めることができます。

分数の足し算の形で表すと、次のようになります。

$$\frac{1}{6} = \frac{1}{6 \times (1+1)} + \frac{1}{6 \times (1+1)} = \frac{1}{12} + \frac{1}{12}$$

$$\frac{1}{6} = \frac{2}{6 \times (2+1)} + \frac{1}{6 \times (2+1)} = \frac{1}{9} + \frac{1}{18}$$

$$\frac{1}{6} = \frac{3}{6 \times (3+1)} + \frac{1}{6 \times (3+1)} = \frac{1}{8} + \frac{1}{24}$$

$$\frac{1}{6} = \frac{6}{6 \times (6+1)} + \frac{1}{6 \times (6+1)} = \frac{1}{7} + \frac{1}{42}$$

$$\frac{1}{6} = \frac{3}{6 \times (3+2)} + \frac{2}{6 \times (3+2)} = \frac{1}{10} + \frac{1}{15}$$

また、ここでは出題されていませんが、（ア，イ）の組み合わせをすべて書き出すと、次のようになります。

（7，42），（8，24），（9，18），（10，15），（12，12），（15，10），（18，9），（24，8），（42，7）

次の【例】のように、ある分数を、分子が1で分母が異なるいくつかの分数の和でかき表すことを考えます。

【例】

$$\frac{2}{3} = \frac{1}{2} + \frac{1}{6}, \quad \frac{2}{3} = \frac{1}{3} + \frac{1}{4} + \frac{1}{12} \text{など}$$

$$\frac{13}{20} = \frac{1}{2} + \frac{3}{20} = \frac{1}{2} + \frac{1}{7} + \frac{1}{140}, \quad \frac{13}{20} = \frac{10+2+1}{20} = \frac{1}{2} + \frac{1}{10} + \frac{1}{20} \text{など}$$

次の（1）、（2）の分数について、このような表し方を1つ答えなさい。

（1）$\frac{13}{18}$

（2）$\frac{5}{13}$

(麻布中)

8

分数②「エジプト分数」と「部分分数分解」で計算の幅を広げよう

【例】が問題を解くためのヒントになっていますよ

（1）【例】にある $\dfrac{13}{20} = \dfrac{10+2+1}{20} = \dfrac{1}{2} + \dfrac{1}{10} + \dfrac{1}{20}$ のように、分子を分母の約数の和で表すことを考えます。

18の約数は｛1，2，3，6，9，18｝の6個。1＋3＋9＝13ということから、

$$\dfrac{13}{18} = \dfrac{9+3+1}{18} = \underline{\dfrac{1}{2} + \dfrac{1}{6} + \dfrac{1}{18}}$$

と求めることができます。

（2）【例】にある $\dfrac{13}{20} = \dfrac{1}{2} + \dfrac{3}{20} = \dfrac{1}{2} + \dfrac{1}{7} + \dfrac{1}{140}$ のように、大きい単位分数を順に引いていくことを考えます。

$\dfrac{5}{13}$ より小さい最大の単位分数は、13÷5＝2あまり3より、$\dfrac{1}{3}$ です。
$\dfrac{5}{13}$ から $\dfrac{1}{3}$ を引くと $\dfrac{2}{39}$ になることから、

$$\dfrac{5}{13} = \dfrac{1}{3} + \dfrac{2}{39}$$

となります。

$\dfrac{2}{39}$ より小さい最大の単位分数は、39÷2＝19あまり1より、$\dfrac{1}{20}$ です。
$\dfrac{2}{39}$ から $\dfrac{1}{20}$ を引くと $\dfrac{1}{780}$ になることから、

$$\dfrac{5}{13} = \dfrac{1}{3} + \dfrac{2}{39} = \underline{\dfrac{1}{3} + \dfrac{1}{20} + \dfrac{1}{780}}$$

と求めることができます。

第 9 章

「N進法」は生活の
あらゆるところに登場する

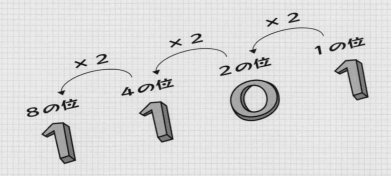

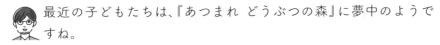

ドラクエ I の最大ヒットポイントが 255の理由

最近の子どもたちは、『あつまれ どうぶつの森』に夢中のようですね。

先生、知っているんですね。ちなみに、先生は子どもの時、どんなゲームをしていたんですか？

もうだいぶ昔のことになりますが、『ドラゴンクエスト』という大変人気のあったゲームが好きでした。いわゆるロールプレイングゲームです。ドラクエと略されていましたね。

ドラクエは今でも人気ありますよ！

そのようですね。私がよくプレイしたのは、ドラクエ I からドラクエ V です。

V って、5 のことですよね。どうして、V を 5 って読むのかなぁ。英語ですか？

これはローマ数字の 5 なのです。そうそう、ドラクエのようなゲームでは、「HP（ヒットポイント）」という体力を表す数値がありますよね。

はい。0 になると死んでしまいます…。

ファミコン版のドラクエ I やドラクエ II では、敵のHP が255を超えることはなかったんです。まなぶ君、なぜだかわかりますか？

え〜…。ゲーマーじゃないからわかりません。

 いやいや、これも算数の勉強ですよ。

 えっ!? じゃあ、もう少しヒントをください。

 ドラクエⅢでは、HPが最大で1023のボスが登場しました。

 255と1023ですか…。難しいなぁ。共通点が見つかりません…。
わかった！ どちらも奇数だ！

 まなぶ君の「何とか答えを出してみよう」という心構えは素晴らしいですね。では、もう1つヒントです。初期のドラクエでHPなどのステータスとして扱える値は、「0〜255」や「0〜1023」でした。

 …ということは、0から255では256通り、0から1023では1024通りの数字があるということか。1024は2を10回かけた数字だと聞いたことがあります。256は…、え〜っと…2を8回かけた数です。

 よくそこまで気がつきましたね！ さて、今日の勉強は「N進法」というものです。コンピュータは、0か1だけの二進法で記述されているので、2通り、4通り、8通り、16通り、…といった2を何回かかけた数だけの表し方が可能となります。255という数は、二進法の8桁で表される最大の数ですから、HPの上限になっていたんですね。
最後の章になりましたが、勉強は意外なところで社会とつながっていることを、ぜひ知ってもらいたいのです。ゲーム好きなら、ただゲームをするだけではなく、こういった背景も知っておきたいですね。

◆ **身近な「アラビア数字」について知ろう** ⋯⋯⋯⋯⋯⋯⋯⋯⋯⋯⋯⋯⋯⋯

いよいよ最後の章になりました。この章では、数の表し方について学んでいきますよ。

まず、**私たちが普段使っている「0，1，2，3，4，5，6，7，8，9」といった数字は「アラビア数字」と呼ばれるものです。**

アラビア数字との対比でよく使われるものに、「ローマ数字」というものがあります。時計の文字盤などで見かける「Ⅰ，Ⅱ，Ⅲ，Ⅳ，Ⅴ，Ⅵ，Ⅶ，Ⅷ，Ⅸ，Ⅹ」がローマ数字です。
『スターウォーズ エピソードⅣ』や『ドラゴンクエストⅤ』といったように、映画やゲームのシリーズをナンバリングする時によく使われていますね。

さて、アラビア数字を2つ並べて「23」と書いてあれば、私たちは「二十三」と読みます。そして、その数字を「10が2個、1が3個集まった数」だと考えます。どこにも、十と書かれていないのに、「2」を「10の位の2」だと思います。

また、「456」と書いてあれば、「四百五十六」と読んで「100が4個、10が5個、1が6個集まった数」だと考えますよ。

どこにも百や十とは書かれていませんが、4は「100の位の4」、5は「10の位の5」だと思っていることになります。

> そんなの
> 当たり前じゃないの？

「ローマ数字」を知れば、10の位が当たり前ではなくなる

　ここでは、ローマ数字について話をします。ローマ数字について理解することで、「10の位」や「100の位」といった考え方が、決して「当たり前ではない」ことを受け入れていってほしいのです。

　ローマ数字では、次の7種類の記号を用いて、1から3999までの整数を表すことができます。次の記号は、それぞれ、1, 5, 10, 50, 100, 500, 1000を表しています。

I	V	X	L	C	D	M
1	5	10	50	100	500	1000

数字を書く場所で、足し算と引き算を表すことができる

　ローマ数字で1から20までを表したものが、次の表です。どのようなルールで数を表しているかを確認しましょう。

　自分でも、少し考えてみてくださいね。

I	II	III	IV	V	VI	VII	VIII	IX	X
1	2	3	4	5	6	7	8	9	10

XI	XII	XIII	XIV	XV	XVI	XVII	XVIII	XIX	XX
11	12	13	14	15	16	17	18	19	20

　ローマ数字では、小さい数を大きい数の左側に書くと引き算になり、小さい数を大きい数の右側に書くと足し算になります。

　ただし、引き算する時には、「IV」は「5－1＝4」や、「IX」は「10－1＝9」というように、1つだけ引くことができます。そのため、「IV」で「5－2＝3」とはできません。

「ローマ数字」を「アラビア数字」にしてみよう

　1から20までのローマ数字で、足し算や引き算がどのように行われているかを式で表すと、次のようになります。

IV	=	5 − 1	=	4
VI	=	5 + 1	=	6
VII	=	5 + 2	=	7
VIII	=	5 + 3	=	8
IX	=	10 − 1	=	9
XI	=	10 + 1	=	11
XII	=	10 + 2	=	12
XIII	=	10 + 3	=	13
XIV	=	10 + (5 − 1)	=	14
XVI	=	10 + (5 + 1)	=	16
XVII	=	10 + (5 + 2)	=	17
XVIII	=	10 + (5 + 3)	=	18
XIX	=	10 + (10 − 1)	=	19

うわっ、複雑そう…

　少し補足しておくと、時計の文字盤では慣例的に「4」は「IIII」と表します。理由は定かではありませんが、鏡越しに見ると「IV」と「VI」は判別が難しいので、このようにしたのかもしれませんね。

　ここで知っておいてほしいのは、ローマ数字には「位」という考え方がないということです。数を表す時、「位」は必ずしも必要ではありません。また、「位」を用いるとしても、「1の位」の次が「10の位」である必要もありません。

「位取り記数法（N進法）」の数の表し方を知ろう

「N進法」は「位取り記数法」とも呼ばれる

私たちが、普段から何気なく使っている数字は、「位取り記数法」という方法で表したものです。ローマ数字とは異なり、「位」という考え方が用いられています。**「位取り記数法」のことを、「N進法」とも言います。**

数が10個集まると位があがる「十進法」

10個集まると次の位になる数の表し方を、十進法と言います。

「1の位」に10個集まると、10倍された「10の位」になり、「10の位」に10個集まると、さらに10倍された「100の位」へと位があがります。

十進法では、0を含めて10種類の記号が必要となります。

十進法で「123」と表すと、「100の位」が1、「10の位」が2、「1の位」が3というように考えますよね。

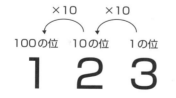

$$×10 \quad ×10$$

100の位　10の位　1の位

$$1 \quad 2 \quad 3$$

式で表すと、100×1＋10×2＋1×3となります。

いつも、そうしてるよね

数が16個集まると位があがる「十六進法」

**10個ではなく、16個集まると位があがる形で数を表すこともできます。
これを十六進法と言います。**

　この時、「1の位」の次は16倍された「16の位」、その次の位はさらに16倍された「256の位」となります。

　十六進法では、0を含めて16種類の記号が必要となるので、0〜9に加え、「A, B, C, D, E, F」を用います。それぞれ十進法に直すと、Aは10、Bは11、Cは12、Dは13、Eは14、Fは15となります。

　十六進法で「F」が1文字あるだけで、十進法の「15」となるのは不思議に感じるかもしれませんが、まずは「そういうものだ」と思っておきましょう。

　たとえば、十六進法で「2B3」と表すと、「256の位」が2、「16の位」がB、「1の位」が3となるわけです。

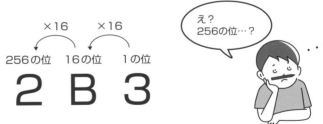

　十進法に直すと、256×2 +16×11+ 1 × 3 ＝691となります。
　このように、十進法以外で表された数を十進法に直すのは、各位が何を表しているかを考えていけば、簡単ですね。

　二進法や十六進法は、とくにコンピュータで数字を扱う時に便利な方法です。そのため、非常によく使われています。

9
「N進法」は生活のあらゆるところに登場する

十進法以外で表された数を、十進法にしてみよう

次に、十進法以外の数を十進法に直す練習をしてみましょう。

例題22

次の数を、それぞれ十進法に直しなさい。

（1）二進法の1101

（2）五進法の123

二進法では、2個集まると次の位になるので、下の位から順に1の位、2の位、4の位、8の位となります。

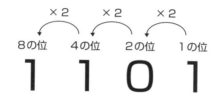

よって、（1）の答えは、8×1＋4×1＋2×0＋1×1＝**13**となります。

五進法では、5個集まると次の位になるので、下の位から順に1の位、5の位、25の位となります。

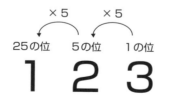

あれ、意外と簡単

よって、（2）の答えは、25×1＋5×2＋1×3＝**38**となります。

十進法で表された数を、十進法以外にする方法を覚えよう ·············

では、続いて、十進法から別のN進法に数字を直してみましょう。

例として、123（十進法）を二進法で表すことを考えます。

1の位から、順を追って位をあげていきます。

2個集まると位があがるので、$123 \div 2 = 61$ あまり1と計算することで、「2の位」が61、「1の位」があまりの1となります。

$$123 = 2 \times 61 + 1 \times 1$$

「2の位」に61個も集めることはできないので、さらに位をあげます。$61 \div 2 = 30$ あまり1と計算することで、「4の位」が30、「2の位」があまりの1となります。

$$123 = 4 \times 30 + 2 \times 1 + 1 \times 1$$

「4の位」の30個について、$30 \div 2 = 15$ あまりなしと計算することで、「8の位」が15、「4の位」が0とできます。

$$123 = 8 \times 15 + 4 \times 0 + 2 \times 1 + 1 \times 1$$

この作業を繰り返すと、123を次のように表すことができます。

$$123 = 64 \times 1 + 32 \times 1 + 16 \times 1 + 8 \times 1 + 4 \times 0 + 2 \times 1 + 1 \times 1$$

これで、123（十進法）を二進法で表すと、「1111011」となることがわかりました。

十進法の123を二進法に直す計算について、割り算の式を書くと、次のようになります。

$$123 \div 2 = 61 \text{あまり} 1 \quad \text{1の位}$$
$$61 \div 2 = 30 \text{あまり} 1 \quad \text{2の位}$$
$$30 \div 2 = 15 \text{あまり} 0 \quad \text{4の位}$$
$$15 \div 2 = 7 \text{あまり} 1 \quad \text{8の位}$$
$$7 \div 2 = 3 \text{あまり} 1 \quad \text{16の位}$$
$$3 \div 2 = 1 \text{あまり} 1 \quad \text{32の位}$$
$$\text{64の位}$$

　式をたくさん書くのは大変ですが、割り算を筆算でつなげて書くと、少しラクに計算できます。

```
2)123
2)  61 …1   1の位
2)  30 …1   2の位
2)  15 …0   4の位
2)   7 …1   8の位
2)   3 …1   16の位
     1 …1   32の位
       64の位
```

　ちなみに、二進法で「1111011」と表された時、10の位や100の位ではないので「ヒャクジュウイチマンセンジュウイチ」とは読みません。

　単に「イチイチイチイチイチレイイチイチ」と読むようにしてください。

なんか舌
かんじゃいそう…

　では、練習してみましょう。

例題23

（１）十進法の2020を八進法で表しなさい。

（２）二進法の11010100を十六進法で表しなさい。

（１）の問題の2020を、十進法から八進法に直すには8で割り続けます。

$$8)\overline{2020}$$
$$8)\overline{252}\ \cdots 4\ \text{1の位}$$
$$8)\overline{31}\ \cdots 4\ \text{8の位}$$
$$\overline{3}\ \cdots 7\ \text{64の位}$$
512の位

これで、2020は八進法だと**3744**となることがわかりました。

（２）の問題ですが、二進法から十六進法に直接変換するのは難しいので、まずは十進法に直しましょう。

128の位　64の位　32の位　16の位　8の位　4の位　2の位　1の位

1 1 0 1 0 1 0 0

$128 \times 1 + 64 \times 1 + 32 \times 0 + 16 \times 1 + 8 \times 0 + 4 \times 1 + 2 \times 0 + 1 \times 0 = 212$

二進法で表された11010100を十進法に直すと212となることがわかりました。16で割り算して、十六進法に直しましょう。

この計算はすぐに終わります。

$$16)\overline{212}$$
$$\overline{13}\ \cdots 4\ \text{1の位}$$
16の位

13は十六進法では「D」と表すことになっているので、212を十六進法に直すと、**D4**となります。

◆ 異なる記数法の表し方は桁を区切って考えよう

ところで、十進法で数を表す時に、日本語では4桁に区切って数えますよね。

たとえば、「123456789012」という12桁の数があれば、4桁ごとに区切って「1234億5678万9012」となります。

10×10×10＝1000個を１つのかたまりとして考えているのです。

二進法でも同じことが言えます。4桁ごとに区切って数を数えると、2×2×2×2＝16個を1つのかたまりと考えることになります。「11010100」を4桁ごとに区切ってみましょう。

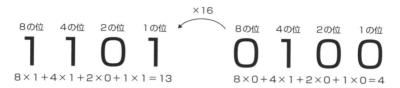

×16

8の位　4の位　2の位　1の位

1 1 0 1

8×1+4×1+2×0+1×1＝13

8の位　4の位　2の位　1の位

0 1 0 0

8×0+4×1+2×0+1×0＝4

すると、先ほど二進法から十六進法に直す時に求めた「16の位」の「13（D）」と、「1の位」の「4」を簡単に計算することができます。

このように、**二進法4桁分の情報は、十六進法ではたった1桁で表すことができます。**

◆ コンピュータでは、「二進法」と「十六進法」が使われている

コンピュータ上で数字を扱う時には、0か1だけの二進法で表します。でも、二進法では桁数が大きくなって大変です。そこで、二進法と相性のよい十六進法を使うことで、よりわかりやすいものにできます。

たとえば、コンピュータで色を表す時に、赤（red）、緑（green）、青（blue）をそれぞれ0から255までの256段階で数値化することがあります。3色の英語の頭文字をとったRGBという言葉を見たことがある人もいるかもしれません。

絵の具とは異なり、混ぜれば混ぜるほど明るくなります。「赤255、青0、緑0」とすると「赤」に、「赤255、青255、緑255」とすると「白」になります。

そうか、ドラクエのステータス値が0〜255になるのと同じことなんだね

コンピュータ上の色を「二進法」と「十六進法」で表現してみよう ……

実際に、二進法や十六進法で色を表現してみましょう。

たとえば、crimson（深紅）という色は、「赤220、緑20、青60」で表されます。これを8桁の二進法に直すと、「赤11011100、緑00010100、青00111100」となります。

コンピュータは、これらをつなげた「110111000001010000111100」という24桁の情報として処理しますが、これを十六進法で表すと「赤DC、緑14、青3C」と2桁ずつに収まります。「DC143C」という6桁の情報であれば、私たちにも扱うことができそうですね。

- 位を用いて数を表すことを「位取り記数法」や「N進法」と言う
- 10個集まると位があがる数の表し方を「十進法」と言う
- コンピュータでは、「二進法」や「十六進法」を用いて表記する
- 五進法では5個集まると位があがるため、下の位から順に1の位、5の位、25の位となる。たとえば、五進法で表された123を十進法に直すには、$25 \times 1 + 5 \times 2 + 1 \times 3 = 38$と計算することができる

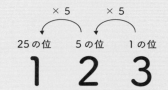

- 八進法では、8個集まると位があがるので、下の位から順に1の位、8の位、64の位となる。たとえば、十進法で表された「2020」を八進法にするには、8で割り続けることで、3744と求めることができる

$$
\begin{array}{r}
8)\ \underline{2020} \\
8)\ \underline{\ \ 252} \quad \cdots\ 4 \quad \text{1の位} \\
8)\ \underline{\ \ \ \ 31} \quad \cdots\ 4 \quad \text{8の位} \\
3 \quad \cdots\ 7 \quad \text{64の位} \\
\text{512の位}
\end{array}
$$

入試問題に挑戦 17

図1のように、正方形のます目にななめに直線がひかれており、そこに、あるきまりにしたがって色をぬっていきます。小さな正方形の1辺の長さは1cmです。

図1 :

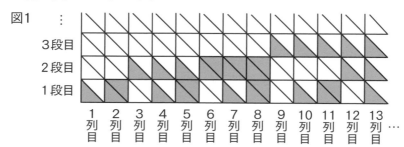

3段目
2段目
1段目

1列目 2列目 3列目 4列目 5列目 6列目 7列目 8列目 9列目 10列目 11列目 12列目 13列目 …

このとき、次の各問いに答えなさい。

（1）4段目にはじめて色がぬられるのは何列目ですか。

（2）はじめて図2のように色がぬられるのは何列目ですか。

図2

（3）2019列目で色がぬられている部分の面積はあわせて何cm²ですか。

（渋谷教育学園幕張中）

1段目、2段目、3段目とぬられる場所があがっていく様子は、数字の位があがる様子と似ていますね

9

「N進法」は生活のあらゆるところに登場する

186

👆 **解説**

（1）まずは、与えられた図からわかることを調べましょう。

1段目にはじめて色がぬられるのは、1列目です。

2段目にはじめて色がぬられるのは、3列目です。

3段目にはじめて色がぬられるのは、9列目です。

　　1×3＝3、3×3＝9と3倍に変化するので、

4段目にはじめて色がぬられるのは、<u>27列目</u>となります。

（2）図1は、◻を0、◪を1、◨を2とした三進法を表していると考えられます。

1列目は三進法の1、2列目は2、3列目は10、4列目は11…を表しています。

図2は三進法の1201であり、十進法に直すと、

　　27×1＋9×2＋3×0＋1×1＝<u>46列目</u>になります。

（3）2019を三進法で表します。

```
3)2019
3)  673 …0
3)  224 …1
3)   74 …2
3)   24 …2
3)    8 …0
      2 …2
```

上記の計算により、三進法では2202210となることがわかります。

2＋2＋0＋2＋2＋1＋0＝9より、求める面積は、1つの三角形の面積（底辺×高さ÷2）の9個分になります（上図参照）。

よって、（1×1÷2）×9＝<u>4.5㎠</u>と求めることができます。

入試問題に挑戦 18

あるホテルには部屋が500室あります。4と9の数字は使わずに1号室、2号室、3号室、5号室、…と順に部屋に番号をつけていくと500番目の部屋は何号室になりますか。

(麻布中)

4と9の数字を使わないということは、使える数字は残った8種類ですね

4と9の数字を使わずに数字を並べてみると、

 1,2,3,5,6,7,8,10,11,12,13,15,16, …

となります。

計算がしやすいように、{5,6,7,8}の代わりに{4,5,6,7}を使うと、

 1,2,3,4,5,6,7,10,11,12,13,14,15, …

となり、八進法で表された数になっていることがわかります。

通常の八進法	0	1	2	3	4	5	6	7
今回の八進法	0	1	2	3	5	6	7	8

500番目の部屋の「500」を通常の八進法で表すと、

```
8)500
8) 62 …4
    7 …6
```

となることから、「764」となることがわかります。

ここで、今回の八進法では「4」を使わないため、4→5、6→7、7→8と変更していることから、求められる答えは875号室となります。

これで、『合格する算数の授業 数の性質編』の勉強は終わりです。

いかがでしたでしょうか？　後半では、難しい考え方もいくつか出てきましたが、このページを読んでいるということは、きっと最後まで読みきることができたということでしょう。本当にお疲れさまでした！

算数は、知識ではなく理解を積み重ねていく教科です。
先生とまなぶ君とのやりとりを通じて得た考え方を、ぜひ今後の算数の勉強や自分の生活に生かしてみてくださいね。

勉強は、わかればわかるほど、おもしろくなるものです。
一緒にがんばりましょう！　応援しています！

松本亘正（まつもと・ひろまさ）

1982年福岡県生まれ。中学受験専門塾ジーニアス運営会社代表。ラ・サール中学高校を卒業後、大学在学中にジーニアスを開校。現在は東京・神奈川の7地区に校舎がある。開成、麻布、駒場東邦、女子学院、筑波大附属駒場など超難関校に合格者を毎年輩出。中学受験だけでなく、高校・大学受験時、就職試験時、社会人になっても活きる勉強の仕方や考える力の育成などに、多くの支持が集まっている。また、家庭教師のトライの映像授業「Try IT」の社会科を担当し、早くからオンライン指導に精通。塾でも動画配信、双方向Web授業を取り入れた指導を展開している。主な著書に、『合格する算数の授業 図形編』『合格する歴史の授業 上・下巻』『合格する地理の授業 47都道府県編・日本の産業編』（実務教育出版）がある。

教誓健司（きょうせい・けんじ）

1988年広島県生まれ。広島学院中学高校へ進学するにあたり、お世話になった塾の先生の影響で算数を好きになる。大学在学中は四谷大塚の学生講師として算数と理科の授業を3年間担当し、その後中学受験専門塾ジーニアスに移籍。ゲーム好きで、ゲームの攻略に関する仕事をしていたことも。YouTubeチャンネル「0時間目のジーニアス」で算数の入試問題解説動画を公開するなど、映像授業でも活躍中。主な著書に『合格する算数の授業 図形編』がある。

中学受験 「だから、そうなのか！」とガツンとわかる

合格する算数の授業 数の性質編

2020年 9 月30日 初版第 1 刷発行
2021年10月 5 日 初版第 2 刷発行

著　者　松本亘正・教誓健司
発行者　小山隆之
発行所　株式会社 実務教育出版
　　　　〒163-8671　東京都新宿区新宿1-1-12
　　　　電話　03-3355-1812（編集）　03-3355-1951（販売）
　　　　振替　00160-0-78270

印刷／株式会社文化カラー印刷　　製本／東京美術紙工協業組合

©Hiromasa Matsumoto/Kenji Kyosei 2020 Printed in Japan
ISBN978-4-7889-1968-6 C6041